조경가 **강호철** 교수 [**정년 기념집**]

살기 좋은 녹색 도시

PHOTOGRAPH & WRITTEN BY 강호철

Spacetime

강호철 교수

1955년 경남 진주에서 태어나 진주농림고등전문학교 임업과(5년)를 나와 동국대, 한양대 환경과학대학원, 성균관대 대학원에서 조경학을 공부하였다.

손기정 체육공원(양정고 이전지) 계획을 비롯하여 '86 아시안게임기념공원과 한국종합무역센터 조경감리 등 조경설계와 시공, 관리 일선에서 15여 년 실무를 익힌 후, 조경기술사를 취득하였다. 1993년 고향이자 모교인 진주산업대학교 조경학과에 부임하여 '조경수목'과 '식재 설계' 및 '해외 도시 조경'을 가르쳤다.

우포늪을 지키고 알리는 (사)푸른우포사람들 이사, 행정수도와 충남도청 적지 평가위원을 비롯하여 문화재청과 경상남도 문화재위원회, 도시계획위원회에 참여했고 경상남도 공원녹지기본계획과 녹지네트워크 등 다수의 학술용역을 수행하였다. (사)한국조경학회 영남지회장과 (사)한국전통조경학회 부회장을 지냈다.

우리 도시의 열악한 환경을 개선하기 위하여 '세계도시의 녹색환경과 문화 & 경관'이라는 주제로 지금껏 50여 개 나라, 450여 곳의 도시와 지역을 답사하며 촬영한 약 35만 장에 달하는 기록을 남겼다.

선진 도시의 녹색환경과 문화에 관련된 영상자료는 유엔이 주관한 '세계사막화대회 창원총회'에 초청 전시되었다. 그 외 많은 자료들은 녹색문화 포털사이트 '라펜트(강호철 교수의 경관일기)'와 국토연구원 홈페이지에서 만날 수 있다.

도시의 보행환경 개선과 녹색교통 활성화를 위하여 가족 모두가 승용차를 갖지 않은 채, 걸어서 출퇴근하며 녹색교통 캠페인을 실천하고 있다.

현재 국립경남과학기술대학교 건설환경공과대학 조경학과 교수

한국조경헌장

2013년 10월 28일 제정

(사)한국조경학회

조경은 아름답고 유용하고 건강한 환경을 형성하기 위해
인문적 · 과학적 지식을 응용하여
토지와 경관을 계획 · 설계 · 조성 · 관리하는
문화적 행위이다.
조경은 건강한 사회의 척도이고 행복한 삶의 기반이다.
조경은 생태적 위기에 대처하는 실천적 해법을 제시하고,
공동체 형성을 위한 소통의 장을 마련하며,
예술적이고 창의적인 경관을 구현해야 한다.
지속 가능한 환경을 다음 세대에게 물려주는 것은
조경의 책임이자 과제이다.

2010 영국 요크

2006 이탈리아 꼬모

| 목차 |

정년에 즈음한 회고와 다짐

1971년 칠암동 소재 진주남중학교를 졸업하고 울타리 너머 있는 진주농림고등전문학교 임업과에 진학하여 5년간 연구생(**주된 임무가 학생 실습용 묘포지 관리**) 활동을 통하여 나무와의 인연이 시작되었다. 졸업을 앞둔 1976년 처음 시행된 국가기술자격증(**조경기사 2급**)을 경남에서는 혼자 취득하게 되어 공기업 '한국종합조경공사'에 특채되는 행운을 얻는다. 이후 조경학에 대한 애착과 호기심으로 대학과 대학원을 진학하여, 한양대에서 오휘영 교수님과의 인연으로 이어지며 평생 이 분야에 몸담게 되었다.

한동안 관련 산업체와 한양대 환경과학연구소에 근무하며 '아시안게임 선수촌과 기념공원 조성공사'와 삼성동 '한국종합무역센터 건립' 현장에서 조경 감리 실무를 경험한 후, 한국종합전시장에서 조경업무를 담당하였다.

1992년 국가기술자격 검정시험 국토개발 분야 조경기술사를 취득하였고, 1993년 10월 모교인 진주산업대학교 조경학과 교수로 임용된 이래 27년의 세월이 흘렀다. 당시 경남도는 열악한 도내 환경을 획기적으로 개선하겠다는 강한 의지로 '푸른 경남 가꾸기 사업'을 도정 목표로 설정하여 추진하고 있었다. 기술적 지원과 구체적 실천 전략이 절실하다고 판단되어 적극 참여하게 되었는데 주로 공무원들의 교육과 해외 연수 및 선진 사례 전시회를 챙기게 되었다. '상록 가로화 사업, 읍 단위 공원화 사업, 배롱나무 식재'가 당시 추진된 대표적 사례다. 참여를 통하여 나는 새로운 경험을 할 수 있었고, 2001년 '올해의 조경인(**학술부문**)'으로 선정되는 영예를 얻기도 하였다.

나의 전공과 관심은 조경수목과 도시녹화다. 그래서 짬만 나면 선진도시를 답사하였다. 이 활동은 지금까지 이어지며 '세계도시의 녹색환경과 문화 & LANDSCAPE'라는 평생 추구해야 할 화두이자 숙제로 자리잡게 되었다.

지난 30년 사이 100회가 넘는 해외도시 답사에서 얻은 사진은 35만 장에 이른다. 이들 자료를 활용하여 '세계의 도시환경과 문화 & 조경'을 비롯하여 '천년 세월로 빚은, 교토의 정원'과 '세계의 명품정원'을 출간하였다.

우리나라 도시는 그 역사가 짧고 초단기간에 성장하며, 도시의 녹색 인프라가 매우 부족하다. 자료들이 신도시 조성은 물론, 도시재생과 재개발 정비 과정에 많은 보탬이 되었으면 좋겠다.

지방자치제가 도입되어 정착하며 기초단체마다 환경정비에 많은 예산을 투입하게 되고 전문가들의 참여 기회도 많았다. 경남 20개 시, 군이 주관하는 여러 위원회(**도시계획, 건설기술심의, 건축, 산지관리, 도립공원, 문화재, 경관, 생태하천 설계자문, 가로수, 도시림 등 조성 관리 심의, 지방산업단지 계획심의위원회 등**)에 참여하며 도시 환경을 보다 녹색으로 계획하고 정비하는데 기여할 수 있어 보람되었다.

나는 10대와 20대에 걸쳐 이 학교에 재학하였고, 30대에서 67세에 이르도록 모교에서 근무할 수 있었음은 흔치 않은 특혜이고 큰 행운이었다.
모교가 다음 달 3월에 '경상국립대학교'로 교명을 바꾸어 새롭게 출범한다니 기대도 크지만, 한편으로는 서운함과 아쉬움이 더 많다.
대학통합에 따른 그간 나의 우려와 걱정이 기우杞憂이길 바라며, 칠암벌의 울창한 숲과 모교가 변함없이 푸르고 번영하길 간절하게 소망한다.

이제 와룡산 기슭에 자리한 나의 정든 쉼터로 돌아갈 것이다. 이곳에는 차와 곡주가 향기롭게 익어간다. 이름 모를 산새들과 숲 향기로 가득한 산방에 머물며 개구리와 친구가 되고 싶다. 나무도 심고 뜰을 살피며 가꾸는 생각만으로 왠지 마음이 들뜨고 신난다.
따스한 봄이 어서 왔으면 좋겠다.

2021. 2.
칠암벌 연구실에서

· 호號 예림藝林

표지 제호와 호(예림)를 서예가 솔뫼 **천갑녕** 선생께서 써 주셨습니다.

예림은 은사이신 창림蒼林 김시경 진주산업대학교 초대 총장께서 1995년 무렵 지어주신 저의 아호雅號이다. 스승으로부터 임학을 배웠지만, 이후 조경학을 공부하게 된 저에게 평생의 과제를 부여하였지요.
산림이 주는 목재 생산 등 직접적 효용가치에 집착하기보다 도시민의 건강과 삶의 질을 높일 수 있는 '아름답고 쾌적한 녹색도시'에 더 많은 애정과 관심으로 매진하라는 뜻이라 생각됩니다. 저는 스승께서 정해주신 평생의 화두를 잊은 채, 한동안 지칠 줄 모르고 지구촌 곳곳의 선진도시들을 답사하며 기록으로 남기는 일에 몰두해 왔습니다. 그렇게 발로 뛰며 분주했던 활동 내용의 주제가 '세계도시의 녹색환경과 문화 & 경관'이지요.
이제 한숨 돌리고 생각해 보니, 모두가 선생님께서 정해주신 '예림'으로 귀결된다는 사실을 어렴풋이 깨닫게 됩니다.
'철들자 회갑'이라 했나요?
제자 藝林은 진갑을 한참 지난 정년에야 떠나신 蒼林 선생님을 그리워하며 감사의 마음을 품어 봅니다.
선생님! 정말 고맙고 죄송합니다.

2021. 2 .

우둔한 제자 예림이 삼가 올립니다.

· 축하 그림, 오휘영 교수 作

경남 창녕 우포늪 인접 토평천 지류, '나의 케렌시아 Querencia'

제가 가장 존경하는 분이 한양대 대학원에서 인연을 맺은 오휘영 교수님이십니다.
선생님 내외분께서 부족한 제자의 정년퇴임을 앞두고 이곳 진주까지 방문하시어 보배 같은 작품을 전해주셨습니다.
일상이 순탄하지 않은 코로나 시절이라 더더욱 감동적이지요. 선생님께서는 졸업 이후에도 한결같은 관심과 제자 사랑으로 끈을 잡아 주셨습니다. 덕분에 저는 건강한 모습으로 보람된 정년을 맞게 되었습니다.
평생을 조경 분야 발전과 미래를 위하여 진력하신 선생님께 깊이 감사드립니다. 그리고 존경합니다.
그 은혜 잊지 않겠습니다.

2021. 2 .
진주에서 제자 강호철 드림.

2019 카타르 도하

2014 캐나다 벤쿠버

2014 벨기에 브리쥬

독일 함부르크

1. 도시 환경과 삶의 질

도시는 인간 삶의 터전이다.
그러기에 도시의 환경은 도시민의 삶의 질에 큰 영향을 미치게 된다.
우리나라 현대적 도시들은 대부분 급속한 팽창과 과밀로 인해 심한 몸살을 앓고 있다.
인간다운 삶을 추구함은 동서고금을 막론하고 도시민들의 궁극적이고 공통된 바람이다. 차량과 쓰레기와 소음이 넘쳐나고, 물과 공기와 자연이 오염되어 버린 삭막한 현대도시들의 모습은 결코 많은 도시민이 기대하는 쾌적한 삶의 공간이라 할 수 없다.
영국에서는 오래전부터 Amenity란 표현으로 마음이 편안하게 느껴지고 기분이 좋은 분위기를 가장 성숙된 환경의 질로 평가하였다.

도시 곳곳에 맑고 건강한 자연이 살아 숨 쉬고, 자동차가 사람을 위협하지 않으며, 시내를 걷다 머물고 싶은 조용하고 아늑한 쉼터와 안전한 문화의 거리가 거미줄처럼 이어진다면 얼마나 좋을까?
새로움과 옛것이 한데 어우러져 크고 작은 쉼터와 공원 녹지가 산재하여 누구나 자유롭게 이용할 수 있는 그런 도시의 모습을 그려본다.

크고 높고 화려하고 장대함만 추구할 것이 아니다. 작지만 여유롭고 인공과 자연이 조화를 이루며 고유의 전통 문화가 스며있는 생태적으로 건강하고 안정된 모습의 도시 환경이 모두의 삶을 건강하게 할 것이다.

우리 도시 환경의 현주소

우리의 도시는 대부분 개발우선 정책에 따라 짧은 기간에 건설되었기에 많은 문제점과 부작용은 낳고 있다. 늦었지만 도시민의 삶의 질을 고려하는 차원에서 도시공간을 고심해야 할 때이다.

자동차가 도심 이면도로 골목길까지 지배하며 보행자의 가장 큰 위협이 되고, 도시를 마비시키며 도시 공해의 주범으로 다가올 줄 미처 몰랐다.

도시 주변에 정겹게 널려있던 언덕과 실개천과 연못은 더 없이 매력적인 자연환경이다. 그러나 이들 자연은 도시개발 과정에 희생양이 된지 오래다.
순수함이 사라진 자리는 콘크리트의 숲으로 변해 자동차가 지배하는 복잡하고 삭막한 고밀도 도시로 변화되었다.
도시화로 인한 환경의 부작용과 폐해들이 점차 사회문제로 나타나고 있다. 최근의 '코르나19'를 비롯한 질병과 사회 병리 현상들이 반 생태적이고 비인간적 도시 환경과 결코 무관하지 않음을 인류학자들은 지적한다. 심각하게 뉘우치고 지구와 인류의 미래를 위한 힘과 지혜를 모아야 할 것이다.

2010 런던 공원의 카페

선진 도시의 환경과 문화

나는 세계적인 역사 문화 생태도시들을 두루 살펴보고 기록으로 남기는 일에 열정을 쏟아왔다. 30년 가까이 다녀온 도시와 지역을 합하면 450여 곳에 달한다. 선진 도시들의 다양한 모습들이 자료로 축적되어 수년 전에는 "도시 환경과 문화, 조경"이란 주제의 사진 전시회를 열었고, "세계의 도시 환경과 문화 & 조경"을 출간하였다.
오랜 시행착오를 거치며 다듬어진 외국의 도시 환경과 문화사례를 통하여 열악한 우리 도시를 보다 새롭고 효율적으로 정비하고 개선하는데 활용하고 도움을 주기 위해서다. 그러나 선진도시들의 모습과 급조된 우리 도시들의 모습을 단순한 시각적 차원에서 비교해서는 곤란하고 맹목적으로 모방해서는 더욱 위험한 일이다.

어느 민족이나 국가든 그들 나름대로의 주어진 환경과 문화를 바탕으로 도시 환경이 발전하며 오늘에 이른 것이다. 민족성을 비롯한 기후와 풍토를 바탕으로 사회적 여건이나 시대적 가치관이 융화되어 형성된 전통적인 문화의 토대 위에서 도시 환경과 문화가 형성된 것이다.
생태적이고 문화적으로 충만하게 잘 가꾸어진 선진도시들의 사례를 참고는 하되, 순화 과정이 절실하다. 우리는 지금까지 사회 전반에 걸쳐 남의 발전된 산업과 문화를 무분별하고 거침없이 받아들이고 소화시키는 즉흥적 체질로 변한지 오래다.

유럽에서 인기가 높은 도시 광장이 한때 우리나라에서도 일부 도입되었지만 결국 현실과 맞지 않음을 뒤늦게 알았다. 유럽과 햇볕 강도가 전혀 다름을 인식하지 못했던 것이다. 우리의 광장에는 정자나무와 같이 시원한 그늘이 필수적 요소이다. 즉 우리나라에서 옥외활동을 제한하는 첫 번째가 비와 눈이고, 다음이 강렬한 햇볕이다. 이렇게 단순한 이치를 헤아리지 못한 것이다.

좋은 환경은 미래 도시의 경쟁력이다

앞으로 도시는 공산품과 같이 경쟁력이 요구될 것이다. 인위적이고 현대적 시설만이 그 도시의 문화적 척도나 경쟁력이 될 수 없을 것이다. 현대인들은 매력 넘치는 좋은 도시로 기억하고 평가함에 있어서 박물관이나 예술 공연장, 미술관 등을 거닐다 잠시 머물 수 있는 쉼터, 매력적인 공원이나 정원, 식물원, 차량에 위협받지 않고 산책할 수 있는 문화거리 같은 곳이 많을 때 좋은 느낌을 받게 되고 오래 기억하게 될 것이다.

뉴욕 시민들이 가장 자랑스럽게 생각하는 곳은 맨하탄의 초고층 빌딩이 아니다. 100만평 규모의 '센트럴파크'다. 이곳은 뉴요커는 물론, 미국인들의 긍지이자 자존심으로 평가된다. 런던의 대영박물관, 파리의 에펠탑과 베르사이유 궁전, 시드니 오페라하우스, 싱가폴의 센토사 역시 같은 맥락에서 이해되는 그 국가나 도시의 상징이며 경쟁력이자 자존심이다.

2003 오스트리아 비엔나

캐나다 벤쿠버

조경은 도시의 품격을 높인다

일반인들은 조경의 주된 역할을 건축물이 완성되면 주변을 정리하여 정원수와 꽃을 심고 뒷마무리를 하는 정도로 이해한다. 전혀 틀린 말은 아니다. 그러나 현대도시에서 조경이란 영역은 실로 중요하고 광범위하다. 좁게는 실내정원이나 뜰에서부터 넓게는 도시계획이나 국토환경, 지구온난화에 이르기까지 거시적 영역을 포함한다.

도시 공간들에 관한 다양한 문제들의 해법을 찾는데도 조경 분야의 역할이 기대된다. 우리 도시들은 도시기반시설(**도로, 주택, 교량, 상하수도 등**)이 어느 정도 확충된 후에는 도시 공간의 구조적 보완과 삶의 질적 개선 차원에서 공간 정비와 재생사업이 이루어져야 한다.
시민들은 잦은 해외 나들이 기회를 통하여 오랜 역사를 간직한 채 조화롭게 발전되어온 선진도시들의 안정된 모습들을 체험하며, 우리 도시의 불합리한 구조나 모순을 깨닫게 된다.
이는 보다 쾌적한 환경에 대한 다양한 욕구로 이어지게 된다. 선진도시들도 이미 비슷한 과정을 거쳐 왔다.

아직 차량이 보행자보다 우선하는 교통체계나 가치관은 후진국 수준을 벗어나지 못하고 있다. 안전하고 쾌적한 보행권(步行權) 회복을 위한 시민운동이 절실하다. 선진도시들의 공원이나 녹지를 비교하면 양(量)과 질 모두 안타까운 현실이다.

이들 모두가 조경 분야에서 고민해야 할 과제이자 책무이기도 하다. 살기 좋은 편안하고 쾌적한 도시 환경을 위하여 토목과 건축, 도시계획과 더불어 조경의 전문성도 인정받고 활용되길 기대해 본다.

2015 독일 밤베르크

2. 세계 도시의 녹색환경과 문화 & LANDSCAPE

지난 세월 세계의 선진도시를 답사하며 기록으로 남기는 일에 많은 시간과 비용과 열정을 쏟아 왔다. 이는 외부의 강요나 추천에 의한 것도 아니고, 경제성 추구나 용역은 더욱 거리가 멀다. 오직 도시 환경을 관심 있게 지켜보고 걱정하는 조경가의 사명감 하나로 선택한 것이다. 도시의 환경 개선에 조금이나마 보탬이 되었으면 하는 막연한 바람으로 말이다.

지금까지 많은 자료를 탐색하고 수집하는데 급급한 나머지, 제대로 분류하거나 정리하지 못하여 아쉽지만, 앞으로 시간적 여유를 갖고 꾸준히 정리하여 옳은 자료로 활용될 수 있도록 각오를 다져본다.

우리의 도시 환경이 선진도시와 비교하여 다소 부족하거나 보완이 필요하다고 생각되는 요소들을 몇 영역으로 나누어 사례와 함께 살펴보았다.

1) 특색 있는 도시 이미지

도시의 아름다운 분위기 연출은 훌륭한 건물이나 광장, 공원, 거리, 상징물, 독특한 야경 등이 모두 한몫을 한다. 오픈 스페이스와 거리는 그 도시의 골격에 첨가해서 아름답고 개성 있게 만드는 일종의 장식적 역할도 한다.

2008 호주 시드니

도시의 좋은 이미지를 위해서는 거리를 아름답고 풍성하게 만드는 것이 중요하다. 거리가 도시의 얼굴이기 때문이다. 그러나 거리가 모두 아름다울 수는 없다. 그래서 보행자 거리나 예술의 거리 등 성격이 뚜렷한 곳을 집중적으로 조성하는 것이 효율적이다.

도시의 이미지를 높이고 아름다움을 더하기 위하여 건물과 가로의 형성이 형태적으로나 기능적으로 조화되고 균형을 이루어야 한다. 그래야 도시의 개성이 살아나고 독특한 이미지를 창출해 낼 수 있다.
거리의 상징물은 너무 단조롭거나 획일적이어서는 곤란하며 인간의 심리적 변화와 감동을 다양하게 일으킬 수 있어야 한다.

20[illegible] UAE 두바이

아름다운 도시는 전체적으로 통일감이 있어야 하는데, 우선 지역의 개성을 살린 통일된 이미지를 전할 수 있는 기본방향이 설정되어야 한다. 작은 부분이 전체와 통일되지 못하면 산만한 느낌을 주게 된다. 이를 위해서는 건축가, 조경가, 미술가, 등 도시환경 관련 디자이너들이 함께 지혜를 모아 전체적인 방향을 설정한 후 세부 작업으로 이어져야 바람직하다.

도시의 상징물은 그 도시를 오래 기억시키는데 크게 기여한다. 도시의 스카이라인, 랜드마크, 건물과 주변 환경과의 조화, 가로경관, 공원과 녹지 등 도시경관은 지역 이미지는 물론 시민들의 일상생활의 질과도 밀접하게 연관된다.

파리의 개선문이나 에펠탑, 뉴욕의 자유의 여신상, 시드니의 오페라 하우스는 쉽게 잊혀지지 않고 떠올릴 수 있는 것이다. 상징물은 높고 커다란 건축물에 국한되는 것은 아니다. 멋진 가로수나 공원, 광장도 도시의 상징이 될 수 있다.

2017 독일 포츠담

2) 공원과 녹지는 녹색 인프라

도시에 녹색 활력을 부여하는 것은 매우 의미 있고 중요하다. 기존 녹지는 적극적으로 보존하고, 개발지구에서는 녹지를 충분하게 확보하여 쾌적한 도시환경과 도시경관을 만들어야 할 것이다. 녹지와 공원을 확충하되 고립된 섬이 아닌 연계된 띠(belt)를 만들고, 강이나 호수는 녹지공간과 더불어 생물 서식지(biotop)로 가꾸는 것이 중요하다.

자연녹지가 절대적으로 부족한 도시에서 시민들에게 휴식을 제공할 공원이 절실하지만, 부지의 확보가 쉽지 않은 현실이다. 공원이 조성된 경우도 접근성이나 시민의 이용이 어려운 도시 외곽이나 이용 가치가 적은 경사지 또는 그린벨트 등에 양적인 확보만을 목적으로 지정되어 법정 기준에만 충족시키는 경우가 허다하다.

도시공원과 녹지는 신선한 공기를 공급하고 재해에 대한 피난처 제공과 휴식 및 레크리에이션을 위한 장소이다. 이러한 공원은 인구의 증가와 생활 수준의 향상에 따라 오늘날 도시에서 없어서는 안 될 필수적인 도시계획시설로 인식되며 그 요구도가 날로 증대되고 있다. 이러한 사회적 요구에 대응하기 위한 양적인 확대와 기능의 다양화와 등 질적 개선이 필요하다.

도시에서 공원이나 녹지가 갖는 중요성은 더 이상 강조할 필요가 없다.
공원과 녹지는 도시의 쾌적성과 정체성을 확보하는 중요한 척도가 된다. 넓게 트인 공간은 생각만 해도 시원스럽고 상쾌하다.
공원 녹지를 도시환경의 기반이라 인식하고 시각적인 공간에서 즐기고 이용하는 공간으로 다루는 자세와 시민들의 의식 변화도 절실하고 중요하다.

현대적 공원은 자연을 재현하는 곳에서 '자연과 문화를 담는 장소'로 점차 개념이 바뀌고 있다. 존재만으로 가치 있는 비어 있는 공원도 좋지만, 다양한 문화 기능의 수용도 필요하다. 생태적으로 건강한 환경을 조성하되, 휴식과 놀이, 문화가 있는 공원을 만드는 것이 앞으로의 과제다.
우리나라 도시에는 시민들이 쉽게 찾아와 휴식을 즐길 수 있는 공원이 많지 않다. 크고 작은 공원들이 도시 곳곳에 있다면 시민들의 삶이 더욱 여유롭고 풍요로울 것이다.

2014 미국 시애틀

도시공원은 현대적 도시문명에서 파괴되고 소외되고 간과되었던 다양한 가치들을 복원시켜 주는 재활공간이 될 수 있다.

철도 부지나 하천변, 하수처리장, 쓰레기처리장을 생태적으로 건강한 특색 있는 주제공원으로 조성하는 것처럼, 교량이나 고가철도, 가스관, 철탑 등의 형태설계도 구조적 만족에만 머물지 말고, 생태적 안정과 경관성을 고려할 수 있는 가치관의 변화가 절실하다.

도시 소공원에는 산책로와 벤치 등 약간의 시설밖에 없다. 그러나 외국의 선진도시에서는 지역주민의 삶의 질 향상을 위한 다양한 문화 이벤트를 수용할 수 있는 다양한 공간과 시설이 활용되고 있다. 우리는 아직 초보적 수준에 머물고 있는 셈이다.
시민들은 딱딱한 회색공간에서 교통체증과 공해에 시달리며 살고 있다. 이를 해소하기 위해서는 시민들이 보다 가까이서 쉽게 녹색을 느낄 수 있고 휴양과 레저를 즐길 수 있는 공간과 시설의 확충이 절실하다.

빌딩속의 오아시스와 같은 자그마한 휴식공간이 유용하다. 사람들이 자연스럽게 만나고 쉴 수 있으며 독서도 즐길 수 있는 소공원은 아주 작은 규모가 특징이다. 일반적으로 정자나무 역할의 녹음수나 물과 나무 조각 벤치와 같은 간단한 요소들로 구성된다.

독일 저토심 지붕녹화

21세기 도시는 생명철학이 스미고 생태도시 개념의 환경으로 이루어져야 한다. 도시의 공원 · 녹지를 보전하되 서로 연결이 되도록 힘써야 한다.

미국의 오픈 스페이스 기본계획과 같이 공원 · 녹지기본계획이 법정계획으로 온전하게 정착되어야 한다. 그래야 쉽게 생태 네트워크를 구축할 수 있고 시민들은 지속 가능한 삶을 누릴 수 있을 것이다. 21세기 미래도시가 추구하는 패러다임은 생태나 문화와 같은 테마가 있는 공간조성을 통한 도시에 새로운 녹색 활력을 불어넣는 것이다.

도시가 비대해지고 경제적으로 발전하면 환경의 질은 떨어지고 상대적으로 녹지와 공원의 중요성은 점점 높아지게 된다. 소득이 나아지고 여가시간이 많아지면서 도시민들은 삶의 질 향상과 쾌적한 도시 환경을 갈망하게 된다. 녹지는 인공적인 도시공간에서 안전하고 쾌적한 도시 생활을 보장하고 시가지의 무질서한 팽창을 억제하는 등 다양한 기능을 갖는다.

또한 신선한 공기를 공급하여 도시의 미기후를 조절하고 삭막한 도시공간에 자연의 푸르름과 싱그러움을 제공하며 소음과 악취를 완화시킨다.

우리도 이제 고층 빌딩이 즐비하고 자동차가 홍수를 이루는 번잡한 도시보다는 신선한 공기와 맑은 물이 흐르고 휴식과 문화의 공간이 넉넉한 살기 좋은 쾌적한 도시를 선호하게 되었다.

삶을 풍요롭게 하는 것은 도시적 편리함과 자연의 공존이다. 이상적인 도시 환경은 걷고 싶은 쾌적한 거리와 숲과 문화가 어우러진 환경을 말한다.
자연은 결코 인간의 지배대상이 되어서는 안 된다. 미래지향적인 도시의 색상은 당연히 녹색이 되어야 한다.

도시민의 숨통을 터줄 수 있는 곳이 개방공간(open space)이다. 이곳은 도시문화의 특색을 부여하며 시민들의 여가생활과 삶의 질을 가늠하게도 한다. 또한 개방공간은 도시의 이미지를 바꾸고 도시의 역사와 특징을 보여주는 도시의 정체성에 중요한 역할을 하므로 그 활용과 디자인이 강조되고 있다.

환경친화적이고 에너지 부하를 줄일 수 있는 도시를 건설하고자 하는 구체적인 노력이 선진 도시 뿐 아니라, 우리나라에서도 활발히 전개되고 있다. 그러나 도시 내에 새로운 녹지가 들어설 자리가 거의 없는 현실을 감안한다면, 기존 도시공간의 효율적인 활용을 통한 친환경적인 도시로의 접근은 매우 유용한 방법으로 간주된다. 이를테면 건축물의 지붕을 녹화한다든지 보도와 주차장에 투수성 포장을 도입하고, 도심을 흐르는 소화천을 친환경적으로 활용함으로써 오아시스와 같은 녹지공간을 확보할 수 있을 것이다.

도시 광장이 시민들의 다양한 행태와 복합적인 기능을 수용하기 위해서는 그에 적합한 디자인이 우선되어야 할 것이다. 우리나라는 유럽과는 달리 강렬한 햇볕이 옥외활동을 제한하는 주범이다. 이를 고려치 않은 광장 디자인은 결국 이용률을 떨어뜨리는 주된 원인이 된다. 이용자들이 햇볕을 피해 언제라도 쉴 수 있는 그늘 공간을 확보할 수 있도록 충분한 녹음수와 그늘시설의 도입이 필수적이다.

제네바 식물원 담장녹화기법 : 자연은 인간에게 편안함을 제공하는 고향과 같은 원초적인 요소이다. 인간이 살아가는 생태적인 환경으로서 보다 실제적이고 소중하다. 이런 측면에서 도시에 다양한 방법으로 자연을 도입하는 노력이 필요하다. 가장 많은 면적을 차지하는 옥상이나 콘크리트 벽면 등을 녹화하고, 다양한 수목과 녹음수를 식재하여 포장면으로 인한 기온 상승을 감소시켜 도시 미기후를 조절하는 역할도 중요하다. 다양하고 효과적인 녹화기법들을 활용한 녹음이 충분한 도시는 생태적으로 안정되며, 열섬화 현상도 줄어 시민들에게 쾌적하고 아름다운 환경을 제공하게 된다.

스위스 제네바

3) 보행환경과 녹색교통

많은 도시들이 교통을 도시계획의 가장 중요한 요소로 여긴다.

증가하는 교통량을 감당할 수 없어 공공장소를 잠식하게 되고, 도시환경은 더욱 황폐해지고 소음과 공해가 지배하는 과정으로 이어진다.

차량과 도로와 주차장의 증가로 도시의 중심부는 포장으로 뒤덮이고 사람을 위한 거리가 사라지면서 공공의 삶은 위협받게 된다.

도시는 인간이 모여 사는 터전인데 삶의 근원인 자연과 인간성을 함께 잃게 되었다. 지금처럼 자동차 위주의 복잡하고 위험한 도시 환경에서 벗어나, 차 없는 조용하고 안전한 거리와 걷고 싶은 공간을 추구하게 된다.

정취가 넘치는 문화거리를 만드는 일은 안전한 보행환경의 확보에서 시작되어야 한다. 그러기 위해서는 자동차에게 빼앗긴 길부터 찾아야 한다. 걷고 싶은 생각이 날 만큼 매력적으로 가꾸어야 문화와 예술이 자연스럽게 자라날 수 있는 것이다.

차량보다 보행자를 우선시하는 인식의 변화와 더불어 관련 제도와 정책의 수정과 보완이 함께 이뤄져야 가능한 일이다.

프랑스 깐느

2008 호주 브리즈번

2009 미국 뉴욕

2012 도쿄

가로수는 도시환경에서 빼놓을 수 없는 자연요소로서 그늘을 제공하고, 계절감과 자연성을 부여하며 쾌적한 보행환경에 기여함과 동시에 가로경관의 질을 높여준다. 자연은 인간에게 편안함을 제공하는 고향과 같은 원초적인 환경이다. 도시에서 자연의 역할은 시각적으로 얻을 수 있는 효과뿐만 아니라, 인간이 살아가는 생태적 환경으로서 더욱 소중하다. 이런 측면에서 도시에 다양한 방법으로 자연을 도입하는 노력이 진행되고 있다.

도시에서 가장 큰 비중을 차지하는 옥상이나 벽면을 녹화하고, 다양한 수목과 녹음수를 식재함으로써 포장으로 인한 기온 상승을 감소시켜 미기후를 조절하는 역할도 중요하다. 녹음이 충분한 도시는 생태적으로 안정되며, 쾌적하고 아름다운 환경으로 평가받게 된다.

오늘날 도시에서 길이 차지하는 비율은 점점 늘어나고 있다. 길의 대부분은 차량의 소통에 큰 의미를 부여하지만, 아직도 많은 사람들은 좁은 보도를 걸어서 목적지를 찾아가게 된다. 보행은 인간의 가장 오랜 이동수단이었으며, 현대 도시에서도 30% 이상이 보행에 의존한다.

현대 도시에서 갈수록 심각해지는 교통문제와 환경문제의 해결을 위하여 세계의 선진도시들은 무공해 교통수단인 보행과 자전거를 중요한 교통수단으로 인식하며 녹색교통 중심의 가로환경 조성에 노력하고 있다.

녹색교통은 시민 개개인의 건강과 도시의 활력을 높이고 도시 삶의 매력을 증진시키므로 이를 장려하고 활성화하는 일은 매우 중요하다.
잘 가꾸어진 보행자 거리를 조성하거나 안전하고 편리하게 자전거를 이용할 수 있도록 도로망의 확충도 중요하다. 녹색교통이 활성화되면 시민건강과 도시환경을 동시에 챙길 수 있어 더욱 매력적이다.

보행자공간은 여러 가지 옥외활동을 수용하며 안전하고 즐겁게 거닐 수 있어야 하며, 이동성을 높이고 외부의 위험으로부터 안전해야 한다. 그러기 위해 충분한 편익시설과 휴식시설이 요구되는데, 이들 구성요소는 가로시설물, 수목, 바닥포장 등 매우 다양하지만 재질이나 형태·색상·문양 등이 미적이고 기능적이며 생태적으로도 건강해야 할 것이다.

도시 광장이 시민들의 다양한 행태를 수용하고 복합적인 기능을 수행하기 위해서는 그에 걸 맞는 디자인이 우선되어야 할 것이다. 우리나라는 유럽과는 달리 일사량과 강도가 높기 때문에, 강렬한 햇볕이 옥외활동을 제한하는 주된 요인이다. 이를 고려하지 않은 광장 디자인은 이용률을 떨어뜨리는 원인이 될 수 있다. 시민들이 쉽게 햇볕을 피할 수 있는 그늘 공간을 확보할 수 있도록 충분한 녹음수 확보와 그늘 시설의 도입이 필수다.

2014 UAE 두바이

2015 독일 하이델베르크

2017 독일 하노버

일본 교토대학교

4) 도시의 품격을 높여주는 환경조형물

무미건조한 도시환경을 변화시켜 새로운 생명력을 제공하는 요소 중 하나가 도시벽화다. 슈퍼그래픽으로 불리는 벽화는 빌딩 외벽이나 옹벽 등 도시의 인공구조물에 도입함으로서 주변 경관을 개선시키는 효과를 갖는다.
도시의 벽화는 대형빌딩 외벽의 어둡고 딱딱한 이미지를 개선하고, 새로운 정보제공과 상상력을 불러일으키기도 한다. 또한 도시 고가도로나 지하차도 인공구조물에 도입하여 분위기를 획기적으로 전환시키기도 한다.

거리가구로 불리는 가로 장치물은 도시생활의 편리함과 안전을 추구하는 한편, 거리의 미관을 개선시켜 품위를 높이기도 한다. 그래서 디자인의 중요성이 강조된다. 거리가구들이 멋진 디자인으로 적절한 장소에 자리할 때 기능과 멋이 살아나 도시환경은 보다 풍요롭고 세련되게 느껴질 것이다. 그러나 잘못 설치되면 혼란스럽고 답답하며 위험을 초래할 수 있다.

가로 장치물은 재료나 색상에 따라 주변경관의 질을 크게 좌우할 수 있다. 이정표, 난간, 가로등과 같은 설치물들은 오랜 역사를 지니고 있어 도시미관이나 이미지에 많은 영향을 미친다. 특히 환경조형물이나 볼라드 같은 시설물은 기능도 중요하지만 도시미관을 보다 품위 있게 만드는 요소들이다.

파리 라데팡스

호주 캔버라

2009 워싱턴 D.C

2014 룩셈부르크

2014 벤쿠버

2014 핀란드 헬싱키

조각품이 야외에 놓여 질 경우에는 안전과 기능, 미관과의 상관관계가 중요하다. 주변과 조화를 이루는 아름다운 조형물은 시민과 사회에 풍요로움으로 기여하지만, 주변 환경과 조화롭지 못하면 경관을 해치는 공해이자 정서불안을 가져오는 흉물이 될 수 있다.

현대 도시에서 환경조형물은 단순한 조각이나 회화의 영역을 초월한다.

건축물도 도시의 주요한 경관요소 중 하나이다. 이러한 환경조형물로서의 건축이 독특한 디자인과 색채로 구현될 때, 도시는 잿빛 이미지를 탈피하고 새로운 상상력과 생기를 발산하게 될 것이다.

환경조형물은 실내에서 감상하게 되는 순수 예술품과 다르다. 도시경관을 구성하는 요소인 만큼 주변과의 조화가 매우 중요하다.

2017 베를린

2018 바르셀로나

2019 캐나다 몬트리올

2019 캐나다 토론토

환경조형물은 공공성과 예술성을 확보할 때, 도시의 핵심적 문화자원이자 경관요소로 생명력을 갖게 된다. 건축주와 작가는 조형물을 공공자산이란 인식을 가져야 한다. 환경조형물은 특정작가나 건축주의 사적 소유물이 아니라, 많은 시민들이 공유하며 보고 느끼며 즐기는 공공물이기 때문이다.

5) 물을 이용한 수경水景시설

물은 생활에 필요한 자원일 뿐만 아니라, 경관 요소로서 분수, 폭포, 연못, 안개, 실개천과 같이 다양한 수법으로 연출된다. 즉 도시 내에서 물이 제공하는 다양한 수경공간들은 도시를 아름답게 하고 자연을 가까이 할 수 있으며, 때로는 놀이와 휴식 장소로서 중요한 역할을 하게 된다.

물은 개인의 정원에서부터 도시공간에 이르기까지 인간이 삶을 영위하는 모든 공간에서 필수적인 요소로 도입되었고, 인간의 생활환경을 풍요롭게 만드는데 크게 기여하였다.
현대에 들어 물에 대한 선호도가 높아지고 경관요소로 이용할 수 있는 기회가 증대되고 있다. 연출기법도 매우 발달하고 다양해져 물과 음악과 조명이 어우러지는 새로운 방법들이 새롭게 선보이고 있다.

2008 호주 캔버라

2009 미국 보스턴

2010 미국 리버풀

2013 뉴질랜드 오클랜드

오늘날 도시에서 조성되고 있는 수경공간은 다양한 재료와 연출기법에 힘입어 개인정원은 물론, 도시 광장과 공원, 가로변 등 공공의 장소에서 도시경관의 핵심적 요소로 역할을 한다. 한편 도시의 생태 환경적 측면에서도 그 중요성이 기대된다.

인류문명의 집합체인 도시의 역사는 강과 함께 이루어졌다.
산업의 발달과 도시인구의 급격한 증가는 도시 하천의 생태계 균형을 잃게 하여, 결국 경관과 환경을 악화시켰다.

2014 샌프란시스코

이제까지 도시계획의 주요 관심사는 건물의 배치나 도로망이 우선하는 공간구성이었고, 양적 공급에 더 많은 비중을 두었다. 그러나 현대사회에서는 인간과 자연환경의 조화와 함께 정보사회에 부합하는 연계가 도시구성의 기본과제로 바뀌었다. 강은 도시에서의 자연 축이자, 녹지체계를 구성하는 가장 강력한 골격이다.
도시에서 강의 역할은 단순히 물을 공급하고 도시를 정화시키는데 그치지 않는다. 물은 인간에게 가장 친근한 자연요소이기 때문에 시민들의 휴식과 가장 원초적인 편안함을 제공한다.

뉴욕이나 런던, 싱가포르의 강변에 조성된 보행자 위주의 산책로는 대단한 인기를 누린다. 강의 곳곳에 아름답게 디자인된 개성 있는 교량과 다양한 분위기의 카페와 레스토랑, 호텔, 쇼핑센터, 박물관과 미술관 등이 자리하고 있다. 수변공간을 이용하는 관광객과 시민들은 녹음이 짙은 매력적인 산책로에서 심신의 건강을 다지고 충전하게 된다.
하천은 밀도 높은 도시에서 소중한 오픈 스페이스이다. 도시의 자연경관 축을 형성하는 요소로서 도시 생태계의 유지에 크게 기여한다. 과거의 하천은 방어와 운송이 주가 되었다면, 현대는 여가 문화 및 생태 공간으로서의 역할이 더욱 강조되고 있다.

6) 재생을 통한 도시 살리기

2013 뉴질랜드 오클랜드

우리도 과거 경제성장이 삶의 질보다 우선시 되었다. 그 시대에 건설된 많은 도시와 공간들이 이미 쇠퇴하여 창조적 도시 재생을 통한 수혈이 요구된다. 이런 과정을 우리보다 빨리 경험한 여러 나라의 사례를 살펴보는 것도 큰 의미가 있을 것이다. 도시의 역사와 성장 과정을 비롯하여 도시 재생에 대한 구체적 내용이나 프로세스의 소개는 한계가 있지만, 그 외형적 모습과 분위기를 살펴본다.

서구의 도시재생사업은 과거의 산업화와 도시 성장을 주도했던 수변 공간이 주로 그 대상이 되었다. 기능을 잃고 방치된 대규모 수변공간은 새로운 산업이나 삶의 방식을 담아야 했다. 선진국의 수변 재생사업에는 시대가 요구하는 문화와 여가 행태를 주로 담고 있다.

2009 미국 뉴욕

힘의 논리는 도시의 발전과정에서도 어김없이 적용된다. 강자는 상업이나 업무공간이고 약자는 주거공간이다. 동물의 세계에서는 힘으로 강자와 약자가 구분되지만 도시에서는 지가地價로 결정된다.

도시의 성장에 따라 땅 값이 저렴한 주거지는 상업이나 업무지역과의 싸움에서 변두리로 밀려난다. 주거지와 근무지가 점점 멀어지면서 교통량이 늘어나며 도시는 점점 동맥경화와 같은 중병을 앓게 된다.

밤에는 도심이 한적하여 우범지역으로 변하는 공동화空洞化 현상이 생긴다. 그래서 오래된 도시의 구조를 개선하는 재개발이나 재생사업이라는 수술이 필요한 것이다.

날로 쇠퇴하고 기력을 잃어가는 도시를 생기 넘치고 지속가능한 미래 도시로 변화시키기 위해서는 다양한 영역의 전문성이 요구된다. 도시공학적, 기술적, 환경 디자인적 요소 뿐 아니라, 역사나 인문학적 접근도 매우 중시되어야 한다.

2014 벤쿠버

2014 벤쿠버

밴쿠버 수변지역 재생의 특징은 공공성을 최우선하여 보행로와 자전거 길을 도심에서 폴스크릭과 스탠리파크 수변으로 연계한 점이 돋보인다.
수변 공간 정비사업의 성공은 디자인 측면에서는 공익 목적의 수변과 고밀도 상업개발의 균형을 유지하였고, 도시계획 측면에서는 전체적 개발과정을 유도하는 가이드라인을 바탕으로 서둘지 않고 체계적이고 장기적으로 진행하였다는 점이다. 특히 주목되는 것은 보행로와 공원의 연계를 통하여 도시 전체 수변 공간을 체계화시킨 것이다.

바르셀로나 수변 공간 정비의 핵심은 기존도심과 수변공간을 하나로 연결시킨 것이다. 도심에서 수변으로 이어지는 기존의 보행 축, 람블란스 거리를 중심으로 기존의 역사 자원들을 적극적으로 활용하였다. 도시가 수변으로 확장되는 가운데 수변 가까이에 단을 만들고 도시 발코니 개념을 부여하여 수변공간을 보다 가까이 자유롭게 향유할 수 있도록 계획한 것이다. 발코니 앞에 전개된 대규모 수변 공간은 시민들의 여가와 문화 활동의 중심으로 자리 잡게 되었다.

2018 바로셀로나 해변

2018 바로셀로나 해변

2014 두바이

두바이 마리나는 세계에서 가장 큰 인공 정박지로 평가받는다. 3km 길이의 페르시아만을 따라 인공적으로 조성된 마리나 주변은 세계에서 가장 높고 독특한 디자인의 초고층 빌딩들이 병풍처럼 둘러싸고 있어 장관을 이룬다.
개발 부지면적 578ha, 워터프론트 연장 12km에 달하는 세계 최대의 프로젝트다. 워터프론트가 매력적인 이곳은 완공과 동시에 세계에서 가장 규모가 큰 인공

Marina로 평가받는다. 규모는 물론, 환경과 디자인, Quality 측면에서도 최고 수준을 뽐낸다. 카얀 타워Cayan Tower는 2013년 준공된 건물로 항상 변화하는 사막과 바람, 바다의 이미지를 나선형 디자인으로 표현하였단다. 각 층은 시계방향으로 1.2°씩 틀어져 전체적으로 90°가 틀어졌다. 2017년 준공과 함께 세계 최고의 나선형 타워가 되었으며, 높이는 두바이에서 18위.

이렇듯 두바이는 세계에서 최초, 최고, 최대가 아니면 관심을 끌기 힘들다.

뉴욕 하이라인

UAE 두바이

뉴욕의 하이라인 파크는 15년이란 긴 시간에 걸쳐 완성되었다. 오랜 기간 무수한 고민과 설득의 과정을 반복하며 쌓아온 생생한 지역의 역사인 셈이다. 최근 도시 재생을 추진하는 세계 유수의 도시들이 하이라인을 롤 모델로 삼는 이유는 외형이나 컨셉만 추구하는 것이 아니다. 죽은 공간을 다시 살리자는 의도로 기존 철도의 골격을 유지하며 주변과 조화롭게 접근한 것이다. 낡고 빛이 바랜 옛 창고들과 고가철도였던 하이라인 풍경이 멋진 대비와 조화를 이룬다. 이 프로젝트의 시작은 결코 화려하거나 거창하지 않았다.

시드니는 호주의 상업과 금융의 중심이며 지리적으로 아시아 태평양의 중심이다. 도심 가까이 위치한 달링하버는 수변과 연관되어 성장해 왔다. 하지만, 시드니 항구 역시 유럽의 사례처럼 항구 관련 산업의 쇠퇴로 급격한 침체를 맞게 되었다. 60년대 대규모 상업적 개발이 이루어졌으나, 정치적 접근으로 인하여 수변의 공공성에

2008 시드니

대한 배려가 없는 결과를 낳았다. 이후 80년대 달링하버 수변 재정비사업은 시민들의 다양한 의견을 수렴하여 공공성을 회복시키고 생활과 여가, 문화공간으로 변환시켰다.

달링하버 수변 공간 재생사업은 1984년 본격적으로 시작되었는데, 이는 시드니의 200주년을 앞두고 기획된 프로젝트다. 개발 컨셉은 미국의 수변도시 정비사업의 성공사례로 평가되던 볼티모어가 모델이다. 계획의 핵심은 수변공간을 공공자산으로 인식하고 시민 누구나 쉽게 접근하여 걷고 쉬고 만날 수 있는 열린 일상적 장소로 조성한 것이다. 특히 철도와 하역장 및 고가도로를 엔터테인먼트 공간으로 정비하는 한편, 도시의 수변을 교육과 문화 레저 활동의 중심으로 조성하였다. 컨벤션 센터와 박물관 쇼핑센터, 중국정원, 아쿠아리움, 개성 넘치는 카페와 레스토랑이 들어섰다. 이들 시설은 여유로운 수변광장과 보행로 그리고 공원으로 연결하였다. 한편 항구를 가로지르는 고가 고속도로 교량은 보행자 전용으로 전환시키고 모노레일을 설치하여 아름답고 매력적인 항구 풍광을 감상할 수 있도록 하였다.

2008 시드니

3. 연재물連載物

1) 경관일기

나는 승용차도 없지만, 휴내폰노 2010년 보직/산학협력단장을 맡으면서 처음으로 갖게 되었다. 이를 계기로 해외 답사에서 기록한 사진들을 녹색문화예술포털 '라펜트'를 통해 "강호철 교수의 세계도시의 녹색환경과 문화 & LANDSCAPE, 경관일기"라는 제목으로 소개하게 되었다. 대부분 시간에 쫓기는 답사 현지에서 작성하였으므로 내용이 빈약하고 오류도 많았지만, 독자들의 깊은 관심과 격려에 힘입어 230회 연재를 이어오게 된 것이다. 하지만 갑작스런 시력 난조(**백내장**)로 연재를 중단하게 되어 아쉽게 생각한다. 앞으로 여건이 된다면 300회를 향하고 싶다.

답사 사진 약 15,000 컷이 탑재된 경관일기는 인터넷에서 '강호철 교수의 경관일기'를 검색하면 쉽게 만나볼 수 있다. 지면 관계로 목차 일부를 소개한다.

01. 일본속의 네덜란드, 하우스텐보스 2014. 3
10. 전통숙소 료칸의 정원, 요시이케
15. 튤립이 축제 현장, 퀴켄호프 정원 2014. 6
17. 녹색교통이 지배하는 문화도시, 암스테르담
18. 국립공원 안에 있는 국립미술관, 크뢸러 뮐러
25. 채석장에서 꽃동산으로 변신한, 부차드 가든

28. 원시림 같은 도시공원, 스탠리파크
31. 호수와 숲으로 둘러싸인, 시애틀
33. 만년설과 온대우림을 품은, 올림픽국립공원
35. 살기 좋은 도시, 밴쿠버
37. 하와이 자연의 보물창고, 식물원과 동물원
45. 실시간 답사 스케치

65. 경관일기
75. 일본의 봄을 만나다
85. 끝없이 진화하는 싱가포르의 녹색환경
88. 아드리아해의 진주, 두브로브닉
90. 크로아티아의 자존심, 폴리트비체 국립공원
100. 교토의 황실 정원, 교토 교엔과 교토 고쇼

110. 족자의 상징, 프람바난과 보로부드르 사원
120. 예술과 신들의 섬, 지상의 파라다이스 발리
124. 삼나무의 고향, 야쿠시마 원생림 2017. 5
127. 살아 있는 전설, 지구촌 최고령 '조몬스기' 알현
129. 대자연의 수호신 원령공주가 깃든, '시라타니운스'
132. 독일과 북유럽, 뒤셀도르프 2017. 7

135. 강으로 에워싼 아름다운 소도시, 뤼베크
140. 식물학자 린네의 발자취를 찾아-2
155. 덴마크의 수도, 코펜하겐
162. 자전거의 명품도시, 코펜하겐
164. 노르웨이, Sogne Fjerd
169. 노르웨이 수도 오슬로

172. 스톡홀름, 밀레스 조각정원
175. UAE 연방 수도, 아부다비 2018. 2
176. 사막에서 루브르박물관을 만나다
179. 오아시스와 정원의 도시, Al Aim
181. Al Aim의 센트럴파크, 오아시스
185. 문화의 수도, 샤르자-2

189. 중동의 뉴욕, 두바이-3
193. 관광농원의 모델, 농눅 빌리지
200. 천재 건축가 가우디의 발자취를 찾다
204. 바르셀로나 근교의 중세도시, 헤로나
205. 세상에서 가장 아름다운 병원, 산 파우
210. 빌바오를 상징하는 구겐하임 미술관

214. 지중해의 휴양도시, 말라가
216. 알함브라 궁전
218. 중세의 모습을 간직한 톨레도
220. 전원과 정원이 유혹하는 예술의 섬, 발리
233. 정들었던 우붓과의 아쉬운 작별 2019. 2. 21
234. 발리에서 떠나오다

경관일기 140호- 식물학자 린네의 발자취를 찾아. 2017. 8. 2

이번 독일 & 북유럽 답사에서 가장 기대되는 곳이 식물학자 린네의 흔적을 살피는 것이었습니다. 필자가 식물공부를 시작한 것은 1972년이지요. 당시 수목학은 김영두 교수(**진주산업대 임학과 정년 후 작고. 월간 '환경과 조경'에 조경수목을 연재**)께서 맡으셨습니다. 교수님은 우리나라 식물분류의 큰 틀을 마련한 서울대 이창복 교수의 후배이자 제자입니다. 그래서 알찬 수목학 강의를 통하여 이명식(**속명+종명**) 학명을 창안한 린네의 훌륭한 업적을 알게 되었답니다. 이는 곧 저가 조경수목과 깊은 관심을 갖게 된 계기가 되었지요.
이후 저는 서울 청량리 홍릉 앞에 위치한 중앙임업시험장(**현 산림과학원**)으로 하계 실습을 왔고, 나무 할아버지로 통하는 김이만 선생님을 만나게 됩니다. 당시 조림과장?은 조무연(**80년대 작고**), 계장은 이원열(**초대 국립수목원장 역임**) 선생님으로 기억됩니다. 20대 초반 학창시절을 추억하며 린네를 떠올리다 보니 나무와 연관된 아련한 여러 추억들이 다가오네요. 식물 분류에 남다른 관심과 흥미를 가졌던 저로서는 린네를 결코 잊을 수가 없었답니다. 마침 오래전 1980년 스크랩한 린네 특집 신문 기사를 휴대하고 왔지요. 빛바랜 신문을 펼쳐보니 감회가 새롭습니다.
국립생태원 초대원장을 지낸 최재천 교수는 진화론자 찰스 다윈의 위대한 업적을 기리는 한편, 인간적 그리움과 존경심을 담은 상징물과 테마 공간을 조성하였는데 매우 인상적이었습니다. 필자는 기회가 되면 린네를 추억하며 상징할 수 있는 기념물이나 공간을 수목원이나 식물원에 조성하고 싶네요.(2017. 7. 25)

2017 스웨덴 웁살라, 린네기념관

경관일기 200호- 천재건축가 가우디. 2018. 8. 7

어제와 마찬가지로 날씨는 쾌청하여 땀이 연방 쏟아지네요. 하지만 이곳은 주변에 그늘이 많아 다행입니다. 구릉지 숲속에는 가우디 특유의 조형요소들이 보물같이 느껴지네요. 독창적 아이디어는 물론, 정교한 시공이 돋보이며 안내 Sign의 디자인도 예사롭지 않습니다.
근대건축의 거장 르 꼬르뷔제가 유일하게 천재라고 극찬했던 인물이 가우디랍니다. 바르셀로나에서 그의 창의적 아이디어와 섬세한 손길로 빚어진 구엘 공원을 비롯한 여러 작품들을 감상할 수 있음은 큰 행운입니다.

저의 모교이자 25년째 몸담고 있는 경남과학기술대학교 조경학과가 있는 4층 옥상에는 작은 뜰이 하나 있지요. 그 이름이 '구걸가든'입니다. 이곳 '구엘 파크'와 결코 무관하지 않습니다. 지금으로부터 꼭 16년 전이네요. 학과 교수님들과 이곳을 답사하고, 귀국하여 곧바로 졸업작품(**시공 팀**)을 지도하게 되었는데, 모자이크 타일을 일부 흉내를 냈지요. 한편 정원에 소요된 모든 자재와 경비는 선배들의 협찬과 구걸로 마무리되었답니다. 그래서 붙여진 이름이 구엘 파크와 어감이 비슷한 '구걸 가든'입니다. 지금까지 동아리(**칠엽수**) 후배들의 꾸준한 사후 관리로 이어져 사랑 받는 명소로 자리 잡았습니다.

2018 스페인 바르셀로나, 구엘공원

경관일기 연재 100회 특집

전세계를 누비며 경관을 수집하는 기록자, 강호철

글. 라펜트 **전지은** 기자

"일본 속 네덜란드 전원의 풍취가 물씬 풍기는 하우스텐보스의 풍광을 라펜트 독자들과 함께 공유하고 싶다"

라펜트 독자라면 익히 알고 있을 '강호철 교수의 세계도시의 녹색환경과 문화 & LANDSCAPE' 연재의 첫 시작은 좋은 풍광을 더 많은 이들과 공유하고 싶다는 마음이었다.

올 1월 3일 강호철 교수의 연재가 100회를 맞이했다. 강호철 교수는 2014년 3월 26일 일본을 시작으로 북미, 유럽, 오스트리아, 중동, 발칸반도 등 세계 곳곳의 녹색환경과 문화를 사진과 함께 담아 국내에 소개해 왔다.

스스로 '조경가에게 필요하다고 생각되는 다양한 시각 자원을 닥치는 대로 수집하는 잡식성 기록자'라고 표현한다. 그가 남기는 기록들을 따라가며 3년여 기간을 그와 함께 답사했다. 그래서인지 기자에게는 정장 차림의 모습보다 한 손에 카메라를 들고 모자를 눌러쓴 모습이 더 익숙하다.

지금도 인도네시아에서 열심히 기록 중인 그에게 지금까지 꾸준히 독자들의 사랑을 받아온 소감과 답사 이야기, 앞으로의 계획을 물었다.

UAE 아부다비, 루부르박물관 분관

UAE 알 아인

| 강호철 교수 이야기 |

2014년 3월 26일부터 연재한 강호철 교수의 '세계 도시의 녹색환경과 문화 & LANDSCAPE'가 100회를 맞이했습니다. 소감은?

새삼 세월의 속도감을 느끼게 됩니다. 세월은 나이와 비례한다지요. 저는 평소 승용차보다 도보를 이용하는 처지라 속도감은 배가 되겠지요. 제가 보고 느낀 공간과 시설을 국내 도시 건축 조경 등 관련분야의 많은 이들과 함께 공유하자는 의미로 시작했는데 벌써 이렇게 쌓였네요. 어떻든 부족한 내용이지만 라펜트를 통하여 널리 홍보하게 되었고, 많은 사람들과 소통하게 되어 더없이 감사할 따름입니다.

저는 예전 무선통신 초기에 애용되던 삐삐도 이용할 줄 몰랐었는데, 본의 아니게 산학협력단장을 맡은 것이 계기가 되어 스마트폰을 구입하게 되었습니다. 이제는 답사를 떠나기에 앞서 가족 보다 스마트폰을 먼저 챙기게 되었으니 인간은 참 간사하지요.

약 2년간 연재를 진행하시면서 여러 가지 일들이 있으셨을 텐데, 가장 좋았던 점과 가장 좋았던 점과 힘들었던 점을 꼽는다면?

저는 답사라는 단어만 들어도 흥분하고 긴장됩니다. 평소 생활화되어 걷는 것도 체질이지만, 전공과 연관하여 새로운 환경과의 만남 그 자체를 너무 좋아하지요. 선천적인 성격 탓도 있겠지만, 조경 분야에 몸담은 이후에는 더욱 신명나게 활용하는 편입니다. 본인의 취향과 전공과 직업의 일치가 가장 바람직한 삶이 아닐까요? 저 자신은 누구보다 근접하다 믿으며 생활에 임하는 편입니다. 그래서 생활 만족도는 높고 스트레스는 적게 받는 셈이지요.

저에게 답사는 그 자체가 삶의 목적이자 환희랍니다. 몸살이나 걱정도 답사를 떠나는 순간 모두 해결되지요. 답사는 건강 백신이나 다름없습니다.
좋았던 기억이라면 저 자신도 기사를 확인하지 못한 상태에서 지인들이나 제자들이 기사를 먼저 읽고 반갑게 소식을 전해왔을 때입니다.

한편, 어려웠던 점은 아무래도 날씨가 궂거나 스마트폰 배터리가 방전되었을 때이지요. 그때가 가장 아쉽고 답답했답니다. 하지만 저는 보다 정교한 기록을 위해 디지털 카메라 1-2개를 항상 휴대하고 다닙니다.

수많은 도시를 직접 답사하였으니 기억에 남는 장소가 한두 군데가 아닐 것이다. 그 중 하나만 추천한다면?

저는 그동안 많은 선진국 도시들을 답사해 왔습니다. 우리와 자연과 문화 환경이 다른 곳들이라 하나같이 새롭고 인상 깊게 다가오지요. 가장 인상 깊었던 곳 한 군데만 꼽는 것은 참 어려운 질문입니다. 수목학을 가르치다 보면 학생들로부터 '무슨 나무를 가장 좋아하느냐'는 질문을 자주 받게 됩니다. 저는 나무에게 편견을 두지 않고 가급적 긍정적이고 좋은 특성만을 생각하는 습관을 갖고 있습니다.

그렇지만 꼭 한 곳을 추천한다면 2014년 연구년을 맞아 다녀온 네덜란드의 '퀴켄호프 정원'을 꼽고 싶네요. 젊은 시절 매력적이고 환상적인 튤립에 반해 '언젠가는 저곳을 한 번 다녀와야지' 했었는데, 학기 중이라 엄두를 내지 못했던 곳이지요. 유럽의 봄을 연다는 퀴켄호프 튤립 축제는 거목으로 성장한 너도밤나무의 해맑은 신록 아래에서 펼쳐지는 봄꽃들의 향연입니다. 정말 아름다운 환상 그 자체였습니다.

인도네시아 발리, 리조트 카페

최근 '경관일기'라는 제목으로 연재가 진행되고 있다. 본인의 경관관이 있다면?

제가 경관이란 단어를 너무 경솔하게 표현했나 봅니다. 최근 경관에 대한 제도가 도입되는가 하면, 지방자치단체에서는 경관법과 조례에 근거한 위원회가 운영되는 등 그 중요성과 전문성이 날로 높아가는 현실입니다. 저는 경관에 관심이 많고, 경관을 창출하며 수집하는 조경가일 뿐입니다.

경관이란 단어를 표현한 것은 단지 사진을 통하여 시각적으로 표현한다는 뜻으로 이해함이 좋겠네요. 저는 말이나 글로 전달하기 힘든 다양한 공간들의 분위기나 시설물을 닥치는 대로 수집하는 잡식성 기록자인 셈이지요. 학위과정에서는 이런 경험이나 훈련에 한계가 있겠지요. 저는 상당 기간 조경 실무 일선에서 복합적인 경험을 하였고, 30대 중후반에 수년간 기술사 시험을 준비하며 조경분야 전반에 대한 학습을 하게 되었답니다. 그래서 조경가에게 필요하다고 여겨지는 다양한 모습들이라면 닥치는 대로 수집하는 버릇이 생겨났지요. 굳이 저의 경관관을 한마디로 요약한다면 '조경가에게 필요하다고 생각되는 다양한 시각 자원 전체를 아우르는 포괄적 개념'으로 표현하고 싶습니다.

앞으로의 계획이 궁금하다.

서두에서 세월의 속도감을 언급했지만, 제가 이곳 고향이자 모교인 진주에 내려온 게 어느새 25년이 되었습니다. 정년이 앞으로 꼭 4년 남았네요. 벌써 시간에 쫓기고 있습니다.

저는 오래전부터 이 분야를 위하여 보탬이 될 수 있는 게 무엇일까에 대한 많은 고민을 해 왔습니다. 이 분야의 미래 먹거리가 될 수 있는 창의적 논문이나 아이디어를 갖지 못하였습니다. 특출한 능력의 제자를 양성하는 일도 저에게는 정답이 아님을 잘 알고 있습니다.

그나마 할 수 있는 것이, 의미 있는 수목들을 재배하여 기념식수 등을 통하여 수목을 보급하는 일을 하고 싶다는 생각을 가져봅니다. 평생을 나무와 더불어 지내왔기 때문이겠지요.

한편, 지난 25년에 걸친 해외 답사(**세계도시의 녹색환경과 문화 & 경관**)에서 기록한 30만 컷에 가까운 자료들을 테마별로 집대성하여 발간하는 것이 목표입니다. 물론 '경관일기'도 여건이 허락하는 한 꾸준하게 이어가고 싶은 각오와 욕심이지요.

태국 치앙마이

마지막으로 독자들에게 한 마디 부탁한다.

우선 독자 여러분께 미안하고 감사할 따름입니다. 답사 현장에서 항상 시간에 쫓기다 보니 사진과 설명이 모두 빈약하다고 생각됩니다. 실제보다 미흡하게 전달된다는 느낌에 항상 아쉬움을 갖게 되지요. 그러나 의외로 많은 독자 분들께서 격려해 주심에 감사할 따름입니다. 앞으로 여건이 허락한다면 꾸준하게 이어가고 싶습니다. 독자 여러분들의 변함없는 관심과 사랑, 그리고 조언과 격려를 부탁드립니다.

인터뷰 내용은 강호철 교수의 인도네시아 답사(12. 20-1. 13)중에 작성되었습니다. 3년여 긴 시간 동안 뜨거운 열정으로 '경관일기'를 투고해 주신 강호철 교수님께 이 자리를 통해 깊은 감사의 인사를 전합니다.

발리, 우붓지역 리조트

라펜트는 경관일기 100회의 연재를 읽어온 독자들에게 그간의 소감을 들어보았다.

새로운 아이디어의 원동력

여행과 독서는 인간을 풍요롭게 만든다고 합니다. 특히 여행은 책과는 또 다른 것을 가르쳐 주는 것 같습니다. 조경가로서의 감각을 기르는데도 그만이지요. 그러나 직장인이 그러한 시간을 내기란 참 쉽지 않습니다. 그런 입장에서 '경관일기'는 바쁜 일상에서 잠깐이나마 맛보는 청량제였습니다.

조경인은 새로운 것에 관심이 많습니다. 사적공간과 공적 공간, 전통과 현대, 모더니즘과 포스트모더니즘을 오가는 일들이 많기 때문이겠지요.

'경관일기'는 그동안 새로운 아이디어의 원동력이자 자극이 되어주었습니다. 그런데 벌써 100회째가 되었습니다. 사진을 통해 세상의 호기심을 간접 경험하게 해 준 강호철 교수께 감사드립니다.

이용자/ 대우건설 조경부장

UAE 두바이, 미라클 가든

사적 경험을 공적 경험화

"미래의 문맹자는 글자가 아니라 사진을 못 읽는 이가 될 것이다." 문예평론가 발터 벤야민의 예측이다. 그만큼 사진은 세상을 이해하는 중요한 통로로 점쳐졌다. 글자보다 사진의 비율이 늘어나는 출판물은 말할 것도 없고, 매일 인터넷에 쏟아지는 숱한 사진들에서 그의 예측은 이미 현실이 되었다.

그가 보여주는 경관은 한 폭의 그림이 아니다. 전경과 중경, 원경을 따지거나 미학적 앵글에 굳이 집착하지 않는다. 자연스런 눈길의 이동에 따라 경관을 여러 각도에서 보여준다. 그래서 그의 사진은 동시대의 경관보고서 같은 느낌을 준다. 때로는 대상과 일정한 거리를 지키는 대신 과감히 대상체의 조직 속으로 침투한다. 경관의 표피적인 아우라에 현혹되지 않고 구성요소를 담담히 조명하는 시선이 입체적인 이해를 돕는다.

이러한 관점은 어디에서 비롯되었을까? "미술관 입구를 지키는 상징석 조각이 중국산이네요. 분명 특별한 이유가 있을 테지요" 동경정원미술박물관에서였다. 함부로 남의 문화를 재단하지 않는 문화상대주의적 태도에서 '경관일기'의 지향점이 읽혀진다. 이런 자세가 도시 공간에서 맞닥뜨리는 스펙터클의 강력한 자장 속에서도 구경꾼으로 흡수되지 않고 조경가적 시선을 지켜주었던 것 같다.

덕분에 '경관일기'는 공간을 특권화하지 않은 채 다양한 해석을 가능케 한다. 조경 영역에 대한 관심으로 사적 경험을 공적 경험으로 만들어 준 강교수의 땀과 노고에 감사드리며, 이 기획이 계속 이어질 수 있기를 기대해 본다.

오정학 박사/ 경기도시공사

태국 파타야, 농눗빌리지

빛을 보는 마음

강호철 교수의 경관일기는 사진이라는 시각 매체를 통해 그의 내밀한 경관 인식을 인스타그램instagram 적인 교감 방법으로 공유하는 친근하지만 몰래 훔쳐보는 즐거움을 주었다.

그의 사진에서 우리들은 우리의 마음으로부터 사라지는 선하지 못한 풍경을 바라보고 그 대상에게 스스로 말하고 싶어 했다. 예사롭지 않게 지각되는 남다른 시선이며 담백한 디테일이다.

자아는 바뀌고 시간도 수없이 흐르고 바뀌겠지만 사진에 고정된 이미지는 그의 사적인 경관일기 속에서 영원히 머무르고 있을 것이다. 경관도감景觀圖鑑처럼 말이다.

정성태/ 사진평론가

싱가포르

지치지 않는 열정과 에너지

재학시절 해외 답사를 통해 기록해 오신 사진들을 슬라이드로 보여 주실 때면 강의실의 열기가 한가득이었습니다. 숨죽여 한 장 한 장 살피며 함께 여행지를 직접 거니는 기분이 들곤 했었지요.

요즘은 라펜트 기사를 통해 뵐 때가 더 많아 교수님 옆에 늘 머무르고 있는 것 같았습니다. 답사를 멈추지 않으시고 기사나 책을 통해 남기시는 열정을 생각하면 지치지 않은 그 에너지는 과연 어디에서 나오는지 감탄을 하곤 합니다. 교수님은 늘 인간적이시고 겸손하신 모습입니다.

생생한 답사기록 계속 기대됩니다. 교수님을 응원하는 많은 제자와 독자들이 있으니 끊임없이 힘차게 우리 분야를 챙겨주십시오.

김미후/ 자연환경기술사, ㈜그린포엘 대표

싱가포르

'경관일기'는 내가 가보지 못한 세계 도시경관을 엿보는 창이다.

지하철에서 호주머니 속 휴대폰을 자주 만지작거리다 보니 즐겨찾기에 등록된 '라펜트'는 자주 방문하게 되는 단골 사이트다. 조경뉴스를 이리저리 탐색하다 보면 반가운 분들의 소식에 더 관심이 가는데, 대학 은사이신 강호철 교수님의 '경관일기'가 단골이다.

'세계도시의 녹색환경과 문화 & 경관'에서 '경관일기'라는 이름으로, 사진 연재물이 100회를 맞이했다지요. 그간 세계 곳곳을 답사하면서 그가 남긴 도시의 풍경은 단순히 시각적인 즐거움을 넘어 아이디어를 주는 씨앗일 때가 많았다. 수목이나 시설물, 포장 등 미시적인 재료에서부터 총체적인 도시경관에 대한 디자인 기법까지 말입니다. 게다가, 사진에 덧붙인 설명에는 전문적인 내용부터 소소한 여행 정보까지 얻을 수 있었지요.

100회를 연재하기까지 계절이 변하고, 해가 바뀌었습니다. 답사하면서 동시에 연재하는 어려움에도 불구하고, 독자와 제자들을 위한 꾸준한 행보에 늘 감사한 마음 전합니다.

하혜경/ 조경기술사, 서울시립대 조경학과 박사과정

2) 격월간, 조경수/ (사)한국조경수협회

'세계 도시의 녹색환경과 문화' 36회 연재(완)

3) 월간, 산림/ 산림조합중앙회

문화칼럼 '세계의 정원과 도시공원'을 주제로 38회 연재 중

4) 주간, 경남연합신문

강호철 교수와 함께하는 '세계의 정원 산책' 42회 연재 중

4. 답사 일지(1990-2020)

30년에 걸친 내용을 답사 노트를 토대로 정리하는 과정에 일부 누락 되었거나 지명과 일정에 다소의 오류가 있을 수 있다. 코스가 중복되거나 빈번하게 다녀온 교토, 동경, 싱가포르, 발리, 홍콩, 소주 일정은 일부 생략하였다. 매회 작성된 답사계획서(5-50페이지 분량)는 분량이 많아 소개하지 못하여 아쉽다. 라펜트 '경관일기'에 일부 소개되어 있으므로 참고 바란다.

1990. 8. 6. - 11. 일본 1990 오사카 원예박람회 참관, 한양대 환경대학원

오사카(EXPO 70 만국박람회장/정원)

교토(금각사, 천룡사, 용안사), -나고야

1992. 7월 중순(8일). 중국, 대만, 홍콩/ 세계조경가협회 한국총회 홍보

북경(북경식물원, 이화원, 만리장성) -연길, 안도현, 백두산

타이페이(대학교, 중정박물관, 도심공원) -홍콩

1995. 8. 2. - 9. 러시아/ 한국조경사회, 국립공원협회 공동주관

모스크바 -자고로스크 -상트 페테르부르크(여름궁전, 이삭성당)

8. 11. - 17. 중국/칠암조경회 연수

북경(만리장성, 13능, 북경식물원, 이화원)

연길(일송정) -안도현 -이도백하 -백두산

12월 중순(12일). 싱가포르, 홍콩, 태국

싱가포르(도시 녹지체계) -홍콩 -방콕(왕궁, 수상시장 등)

파타야(해변 공원, 농놋 빌리지/관광 식물농원)

상트 페테르부르크 여름궁전

농놋 빌리지

1996. 12. 7. - 16. 미국

샌프란시스코(금문공원, 식물원, 필모어 힐) -요세미티국립공원

라스베가스(야간경관, 보행몰) -Grand Canyon

LA(디즈니랜드, 유니버셜 스튜디오, 주택정원, 도시공원)

하와이/호롤룰루(와이키키 해변녹지, 폴리네시안 민속촌, 식물원)

1997. 4. 25 - 29. 중국/ 모란축제 참관

북경(이화원, 천안문 광장, 북경식물원과 도시공원)

산동성 허저(모란연구소, 모란축제) -곡부(공자 유적지 등)

7. 11. - 25. 호주

시드시(왕립식물원, 달링하버, 도심 보행환경) -골드코스트(휴양지 시설)

브리지번(도심공원/사우스뱅크 파크, 식물원, 강변 산책로)

1998. 6. 22. - 7. 23. **미국, 캐나다**

빙헴턴(IBM C/C, 전원주택지, 조경수 생산농장과 유통시장)

뉴욕(센트럴파크) -워싱턴 D/C(한국전기념공원) -필라델피아(녹지 축)

애틀랜타(올림픽 기념공원) -멤피스 -인디애나폴리스 -버지니아

뉴올리언스(낙우송 자생 습지) -시카고(조각공원, 시가지) -코넬대학

Acadia 국립공원 -보스턴 -나이아가라 Falls -토론토 -오타와(운하) 퀘벡(구도심) -몬트리올(올림픽경기장, 식물원)

12. 25.- 1999. 1. 3. **싱가포르, 빈탄**

싱가포르(국립식물원과 난초정원, 도시공원과 녹지 및 보행환경, 센토사 섬), 빈탄(리조트 관광특구)

1999. 1. 21. - 27. **중국정원답사/ (사)한국조경사회 주관**

상해 -소주 -항주 -계림

12. 16. - 2000. 1. 5. **싱가포르(녹색환경), 인도네시아(빈탄 리조트)**

2000. 3. 26. - 4. 2. **일본 (푸른경남가꾸기 공무원 연수)**

후쿠오카(오호리공원, 스텝가든, 보행환경)

나가사키(글로벌공원, 평화공원) -하우스텐보스

구마모토(수전사) -가고시마(이소정원, 사쿠라지마)

오키나와(도시공원, 가로환경)

7. 3. - 8. **일본/ 대학원생 연수(해외도시 조경특론)**

고베(아와지 국제꽃박람회) -오사카 -나라 -교토

싱가포르

7. 28. - 8. 20. **유럽**

모스코바(붉은광장) -런던(큐가든, 도시공원, 옥스퍼드, 케임브릿지)

파리(에펠탑, 샹젤리제 거리, 도시공원) -로마 -프랑크푸르트 -뮌헨

비엔나 -암스테르담(운하, 고흐미술관, 도시공원, 자전거 도로)

12. 11. - 15. **호주**

시드니(올림픽기념공원, 왕립식물원, 도심공원, 보행환경)

캔버라(도시녹지체계, 식물원/유칼립투스)

2001. 5. 31. - 6. 3. **일본**

도쿄(요코하마, 소화기념공원, 신주꾸 교엔, 자전거 도로)

6. 25. - 7. 1. **캐나다**

암스테르담

밴쿠버(도시공원과 워터프론트, 스탠리 파크, 벤두센 식물원)

로키 마운틴 -부차드 가든

12. 28. - 13. **일본**

쯔쿠바(마츠비공원, 오오츠카 주택단지, 코가이 하천)

요코하마(야마시타공원, 쯔루미하천, 월드컵경기장)

기와사키(오젠시공원, 코자와 녹지보전지구)

요코시카(마키다 정비하천, 아시다 마리나)

2002. 5. 29. - 6. 4. **일본(도시녹화박람회)**

도쿄(Eco-Green Tech 참관/오다이바 빅사이트, 마꾸하리 Mall)

6. 20. - 30. **스페인, 포르투갈(도시공원과 녹지 및 가로환경)**

바르셀로나 -똘레도 -그라나다(알함브라궁) -Cordoba

마드리드 -세비아 -리스본

스페인 올리브농장. 2002. 6.

8. 28. - 9. 2. **일본**

후쿠오카(캐널시티, 스텝 가든) -오이타(중앙녹지) -벳부

2003. 1. 13. - 31. **싱가포르, 말레이시아**

싱가포르(썬텍시티, Sungei Buloh 습지, Bishan/뉴타운, 식물원)

Malacca -빈탄(리조트 시설, 맹그로브 습지) -탄종 피낭

4. 7. - 10. **일본(하동군 '대도 섬' 주민 연수)**

후쿠오카 -하우스텐보스 -구마모토 -우미노다카미치 해변공원

5. 20. - 24. **일본**

도쿄(신주꾸 공원, 마꾸하리 해변, 소화기념공원, 동경도 청사 등)

7. 4. - 15. **유럽/독일, 오스트리아, 헝가리, 체코(조경학과 교수연수)**

뮌헨(올림픽공원) -드레스덴(쯔빙거 궁전) -하이델베르그

프랑크푸르트 -베를린 -비엔나(쇤부른 궁전) -인스부르크

부다페스트(왕궁, 도시공원) -부르노 -프라하

캐나다 레이크루이스. 2003. 7.

7. 16. - 8. 4. **캐나다**

밴쿠버 -휘슬러(스키장의 활용/여름 MTB 코스)

캘거리(동계올림픽 기념공원)

9. 10. - 15. **일본**

나라(동대사, 사슴공원) -오사카 -교토(료안지, 아라시야마)

고베(메리칸 공원) -기후 -나고야(자전거도로, 보행환경)

2004. 1. 26. - 2. 2. **인도네시아(한양대, 중용연구실)**

발리(루사두아, 꾸타 등지의 특급휴양지 조경)

5. 26. - 30. **일본(박람회 참관)**

동경(오다이바, 가이하미공원, 우라야스 주거단지, 롯본기 힐, 제8회 조원 및 환경산업전)

중국 황산. 2004. 10.

7\. 10. - 21. **프랑스, 영국(조경학과 교수 및 대학원 연수)**
파리(라빌레트, 베르시 공원, 상젤리제 거리, 라데팡스/신도시)
런던(Kew 가든, 케임브릿지, Millton Keynes, Wetland Center)

10\. 11. - 16. **중국**
북경(식물원) -황산 -상해

2005\. 1. 2. - 22. **싱가포르, 인도네시아, UAE**
싱가포르(강변 산책로, Sentosa/분수 쇼, 숭게이 생태습지)
빈탄(리조트 정원, 망그로브 숲 탐방) -두바이

6\. 28. - 7. 26. **스위스, 룩셈부르크, 벨기에, 독일, UAE**
Zurich -Luzern/Titlis(3239m) -Rigi 등정(1801m) -Weggis
Bern -브리쉘(Gent, Bruges) -Luxembourg(Bruxelles Grand place), Geneve -Darmstadt -Frank furt(둔치공원, Palmen 가든, 뢰머 광장), Dubai -Sharjah

10\. 1. - 5. **일본**
후쿠오카(녹화박람회 참관, 캐널시티 등 시내 공원과 녹지)

2006\. 1. 3. - 8. **베트남(박명안 교수 정년기념, 교수연수)**
하노이(난빈 습지)
하롱베이(크루즈)

1\. 11. - 26. **홍콩, 싱가포르, 인도네시아, 마카오**
싱가포르(국립식물원/난초정원, 센텀시티, 나이트사파리)
Bintan(리조트) -홍콩(홍콩 공원, 습지 공원)
마카오(세나도 광장, Camoes 정원)

5\. 23. - 28. **중국/ 세계원예박람회**
심양(박람회 참관, 고궁박물관, 도시공원과 녹지)

6\. 24. - 7. 29. **말레이시아, 이탈리아, 프랑스**
쿠알라룸푸르(도심 생태 숲, KLCC 공원) -Putrajaya/행정수도
로마(Foro Romano, Novona 광장, 보르게제 공원) -Vatican City, 피렌체(Vecchio 다리, 미켈란젤로 광장, Boboli 정원)
Venezia(Marco광장) -Padova(Orto 세계 최초 식물원/1545년)
Verona(Erbe 광장/14C 분수, Signori 광장)
Milano(두오모 광장, Sempione 공원) -Como 호수
Monaco공국(다육식물원) -Nice(열대정원, 카지노 광장, Chateau성), -Marseille(이프 성) -Arles(고흐의 다리, 카페테리아), -Lyon(시청 조형분수광장, Bellecour 광장)Dijon -Beaune
Paris(Luxemboung 공원, 베르사유궁, 블로뉴 숲, 라데팡스)

싱가포르. 2005. 1.

두바이. 2005. 7

베트남 난빈. 2006. 1.

말레이시아 행정수도, 푸트라자야. 2006. 7.

8. 24. - 29. **중국**

북경(천단공원, 만리장성, 이화원) -연길(백두산) -도문

10. 3. - 8. **중국**

북경(자금성, 만리장성) -장가계(하룡 공원, 십리화랑, 금편계곡)

12. 17. - 24일. **중국(대학원 연수, 강태호 교수 현지 안내)**

상해(신천지공원, 예원, 화훼시장) -소주(졸정원, 사자림)

무석(기창원/錫惠공원, 당성, 삼국성, 수호성, 태호 유람)

양주(하원, 당성 박물관, 분경박물관, 개원个園, 이원, 수서호瘦西湖)

2007. 1. 2. - 16. **태국, 싱가포르, 홍콩**

방콕(왕궁) -파타야(농눅 빌리지) -빈탄 휴양지 -홍콩

1. 31. - 2. 4. **일본(한국전통조경학회 주관, 명승 기행)**

오사카(이노멘야마/명승 225호) -교토 등(御所, 御室/명승 35호, 西芳寺 이끼정원/특별명승, 平等院 정원/명승, 天橋立/특별명승)

6. 26. - 7. 23. **터키, 그리스, 카타르**

Canakkale(트로이 목마) -Izmir -쿠샤다스(에페소) -Pamukkale

Pethiye -Antalya(절벽 레스토랑) -Konya(알라딘 언덕)

Ankara(아나토리아 박물관), -Kapadokya(지하도시, 동굴호텔, 열기구), Istanbul(보스포로스 해협, 토카프 궁전, 돌마바르체 사원, 탁신광장), Athens(아크로폴리스, 파르테논신전, 아고라, 포로스 섬, 히드라 섬), 도하(아시안게임 스타디움, 코니시 해변, 카타르 대학교)

12. 19. - 12. 25. **인도네시아**

발리(따나롯 해상공원, 꾸따 비치, 리조트 정원, 식물원, 낀따마니), 우붓(리조트 정원과 네까미술관 등)

2008. 1. 26. - 29. **일본(경남 녹지네트워크 용역-해외사례 조사)**

나고야(오아시스 21, 노리타케 숲, EXPO 2005 Aichi 박람회장)

요코하마(Odori 공원, 미네루 공원), 도쿄(롯본기, 미드타운, 에비스 가든, 오모타모산도 Hill, 지바 마쿠하리)

2. 16. - 29. **싱가포르**

싱가포르 -빈탄(리조트 정원)

5. 16. - 20. **중국**

상해(세기공원, 도시녹화 현장) -양주(수서호) -소주(정원)

중국 양주, 수서호. 2006. 12.

터키 카파도키아. 2007. 7.

아테네. 2007. 7.

일본 다테야마. 2008. 9.

6. 27. - 7.10. **일본**

동경(오다이바/임해매립지 녹화사례 및 저토심녹화공법)
삿포로(오도리 도심 녹지축, 홋카이도 대학/북방민족식물원)
후라노(Biei/구릉지 경작지 경관, 숲속의 마을, 팜 도미타/라벤다), -오티루/임해도시(도시재생 사례) -구시로 습지(두루미 테마공원)

8. 27. - 31. **중국**

북경(과학원식물원, 북경식물원, 이화원, 북경신공항 지붕녹화)

9. 12. - 16. **일본**

기후(강변 정비구역, 도시농업현장) -합장촌/전원마을
가나자와(겐로쿠엔兼六園, 와사비 관광농원)

12. 20. - 31. **호주, 일본**

Brisbane(South Bank Parklands, 보행교) -시드니(왕립식물원), 캔버라(도시공원과 녹지/도시 숲) -멜번(Webb Bridge) -동경

2009. 5. 28. - 6. 2. **중국/ 수향도시(대학원 연수)**

오진(6대 수향도시, 마을 원림) -서당西塘(민속마을)
주장周庄(동양의 베니스) -동리(천년된 수향 역사마을)
소주(한산사, 졸정원 등) -목독(운하 유람, 엄가화원, 홍음산방), -주가각 -상해(신천지 공원, 시가지 녹화 현장)

6. 25. - 7. 7. **홍콩, 마카오, 인도네시아**

홍콩(습지공원, 天水園, 해안 산책로) -마카오 -발리 -우붓

7. 8. - 28. **미국, 캐나다**

뉴욕(센트럴파크, 강변 산책로, 하이라인, 뉴욕식물원, 펩시코 조각정원), -워싱턴 D/C(미술관과 스미소니언박물관, 한국전쟁 기념조형물), -볼티모아(해변 산책로, 도시재생 사례)
필라델피아 -보스턴(하바드와 MIT 캠퍼스, 강변녹지)
코넬대학교 -나이아가라 폭포(미국, 캐나다)

12. 21. - 28. **싱가포르, 인도네시아(조경학과 연수)**

2010. 1. 7. - 16. **네팔/진주산업대학교 개교 100주년기념 히말라야 트레킹**

카트만두(상보체/3700m, 남체마을, 조르살레, 팍딩, 루클라)

5. 15. - 19. **중국(해외 조경사례연구, 대학원생 연수)**

상해(엑스포, 세기공원, 상해수목원, 예원) -주장周庄

호주 캔버라. 2008. 12.

중국 주장. 2009. 5.

마카오. 2009. 6.

인도네시아 빈탄 연안습지의 맹글로브 숲. 2009. 12.

에베레스트. 2010. 1.

6. 25. - 7. 25. **말레이시아, 영국**

Kota kinabalu(수상가옥/Tanjung Aru, Nexus 리조트, 상글리라) 쿠알라룸푸르(왕궁, 트윈타워 주변 현대공원), -런던(James Park, Kensington 가든, Hyde Park, Katharine's Dock), Bath(Royal Crencent/귀족 공동주택) -York(Rown Tree Park), -뉴캐슬(밀레니엄 다리, 뉴캐슬 대학, 정비된 강변 산책로), -에딘버러(로얄 마일, Royal Botanic Garden) -하이랜드(고원 구릉지), -Glasgow(식물원, 글래스고 대학, 보행자 거리/Buchanam S, 보행 전용교) Liverpool(도시재생/항구, 옥상녹화/호텔, Albert Dock) Chester -맨체스터(The Quays/워터프론트) -Leeds(보행자 거리) 런던(옥스퍼드, Kew 가든, Wisley Garden, 리젠트 공원과 운하) Cots Wolds(13-14C 풍광을 볼 수 있는 전원마을, Burford, Bibury, Bourton-on-the-Water, Straiford-upon-Avon)

말레이시아 코타키나발루 수상마을. 2010. 6.

2011. 2. 10. - 18. **인도네시아**

발리(쿠타 리조트, 누사두아/특급리조트 정원) -우붓(휴양지 정원)

태국 파타야 농눗빌리지. 2011. 12.

5. 22. - 27. **중국/세계원예박람회 참관**

서안(박람회장 참관, 도시공원과 광장)

7.11. - 21. **일본**

교토 -아라시야마 -오사카(시립과학관, 국제미술관, 중지도 공원)

12. 15. - 23. **태국/ 조경학과 교수 연수**

파타야(농눗빌리지, 해안 공원) -치앙마이(국립공원, 원예박람회장)

안나푸르나 푼힐전망대. 2012. 1.

2012. 1. 3. - 12. **네팔/ 히말라야 안나푸르나 트레킹**

카트만두(포카라-푼힐 전망대/3,190-반단티/2,520-나야폴)

2. 20. - 24. **일본(도시농업과 관광, 식물원/한국식물연구소 주관)**

유휴인(허브 월드) -오이타(농업문화공원) -미야자키(플로란테 식물원), -가고시마(이소정원) -구마모토(농업공원, 구루메 화훼 단지, 농업공원), -노코노시마能古島(아일랜드 파크) -후쿠오카(캐널시티, 시립식물원)

발리 우붓. 2012. 7.

6. 20. - 24. **일본**

도사시(고지공대) -오사카(남바 파크, 오사카 성)

6. 28. - 7. 5. **인도네시아**

발리 -우붓(리조트 시설과 정원)

8. 12. - 18. **일본**

도쿄(소화기념공원, 신주꾸교엔, 명소 정원)

11. 16. - 21. **중국/대학원 현장학습**

상해(예원, 남경로, 세기공원, 강변 양안 녹지/산책로)

소주 -주장 -서당 -주가각

12. 19. - 2013. 1. 14. **뉴질랜드, 싱가포르, 인도네시아**

Auckland(Cornwall Park/One Tree Hill) -Rotorua

Wellington(식물원) -Picton -Nelson(퀸즈타운)

Christ church(헤글리 공원) -Dunedin(식물원, 더니든 대학, Octagon), -Queens town(Skyline Complex) -Milford(피오르 크루즈), -Singapore -Bintan(리조트 시설)

2013. 2. 12. - 2. 24. **네팔(랑탕 히말라야 트레킹)**

카트만두(박타푸르 유적지, 전 일정 트레킹) -Bhaktapur(역사도시)

6. 26. - 7. 14. **인도네시아, 홍콩**

발리(리조트 정원) -우붓(계단식 논) -홍콩(습지공원Wetland Park)

7. 16. - 7. 26. **중국(조경학과 교수 연수)**

리장(차마고도, 수허고성, 호도협) -대리(국립공원 만병초 군락지), -쿤밍(1999 세계원예박람회장, 석림)

8. 13. - 17. **북경원림박람회(한국정원학회, 조경신문 주관)**

북경(유리창 예술의 거리/도시 제생, 예술인 마을, 박람회 참관)

12. 27. - 2014. 1. 18. **Qatar, Kuwait, 오만**

도하(2006 아시안게임 스타디움, 국립 이슬람박물관, Art Center), -Kuwait City(Tawer/도시조망, 도시공원, 해안 녹지)

무스캇(부겐베리아 정원, 사막의 특급리조트 정원)

두바이(미라클 Garden, Creek Park, Zabell Park, Marina Mall), -아부다비(Marina Mall, Saadiyat Island, Heritage Village), -Yas Island(F1 경기장, 사막녹화 사례, 가로녹지)

2014. 3. 18. - 4. 15. **일본**

후쿠오카(캐널시티, 아크로스 빌딩) -야나가와(물의 도시)

유후인(료칸 정원, 전원 풍광) -나가사키(조경수 전시판매장)

Huis Ten Bosch(포레스트 빌라, 튤립 축제), 고베(도심 녹지축, 2000년 꽃박람회장), 교토(황궁, 센토 고쇼, 가쓰라리큐, 슈가쿠인리큐, 헤이안 신궁), 아라시야마(천룡사, 오코치 산장) -요나고(아다치 미술관), 오카야마(일본 3대 정원, 오카야마 고라쿠엔), 오사카(오사카 성, EXPO 1990/ 한국전통정원), 도쿄(고이시카와 식물원, 에도 건축원, 동경도립 金井 Goganei공원), 하코네(료칸 정원과 다실, 온시 하꼬네 공원, 숲의 조각 정원)

상해 예원. 2012. 11.

뉴질랜드 밀포드사운드. 2013. 1.

랑탕 히말라야. 2013. 2.

중국 여강 차마고도. 2013. 7.

네덜란드 잔세스칸(풍차마을). 2014. 5.

4. 27. - 5. 12. **네덜란드, 벨기에, 룩셈부르크, 핀란드**

Amsterdam(고흐미술관, Vondel Park), -Keukeuhof/튤립 축제

Brugge(중세 운하도시) -Bruxelles(Egmont Park, 식물원)

Antwerpen -Luxemburg -Helsinki(식물원, 시벨리우스 공원)

6. 16. - 7. 18. **미국, 캐나다**

샌프란시스코(금문공원, Berkeley 대학/식물원)

시애틀(워싱턴대학/수목원, Lake Union, 올림피아 국립공원)

밴쿠버(Lynn Valley/Canyon Park, 워터 프론트, 스탠리 파크)

로키(호프, 캠룩스, 레이크루이스, 국립공원/제스퍼,밴프,요호,로키), -하와이(폴리네시안 민속촌, Wahiawa 식물원, 하와이대학)

12. 23. - 2015. 1. 16. **인도네시아, 싱가포르**

Jakarta(Bogor 식물원) -싱가포르 -빈탄(맹그로브 숲) -발리

2015. 2. 7. - 13. **캄보디아**

Siem Reap(Angkor Wat, 민속촌, 톤레삽/수상마을)

5. 8. - 16. **일본**

교토 -Arashiyama -오카야마(고라쿠엔) -Yonago(아다치미술관 정원)

6. 29. - 7. 28. **독일, 오스트리아**

프랑크푸르트(마인강 둔치 공원, Palmen Garden, 도심 환상 녹지)

Rothenburg(중세 성곽도시, 마르크트 광장, 바이크스 하임)

Bamberg(유네스코 문화유산) -Nurnberg(Grober Volk Park)

하이델베르크 -Freiburg(슈바르트 발트 전망대, 생태주거단지)

Freiburg(생태환경시범지구, 도심 골목의 실개천 도입, 녹색교통)

뮌헨(올림픽기념공원, 영국정원/일본정원, Nymphenburg성)

가르미슈 카르텐(전원 휴양도시, 다양한 건물벽화)

인스부르크(이글스 마을, 노르기태 전망대/알프스 조망, 왕궁, 식물원), 짤즈부르크(미라벨 정원, Hellbrunn 궁전), -Graz(쿤스트 하우스, 에겐베르크성), -Wien(왕궁정원, Stadt Park, Volks Garden, Uno-City, 쇤부른 궁전)

Hallstatt(그림같은 수변마을) -St. Wolfgang(호수의 북쪽 마을)

Bad Ischl(엘리자베드 왕후 가족과 예술가의 휴양지, Sisi park)

St. Gilgen(Zwoelferhorn/1523m 산악전망대, Wolfgang See)

10. 16. - 25. **일본**

나고야(나고야성, 도쿠가와엔/Tokugawa Garden, Oasis 21)

교토

캐나다 로키 빙하. 2014. 6.

미국 올림픽국립공원 온대우림. 2014. 7.

앙코르와트. 2015. 2.

요르단 페트라. 2015. 12.

12. 28. - 2016. 1. 8. **아랍**

UAE(두바이) -요르단(암만, 페트라, 와디럼) -바레인

2016. 1. 14. **인도네시아**

발리(Nusadua 리조트 특구) -Ubud(블랑코 미술관)

4. 15. - 23. **일본**

동경(소화기념공원) -교토(무린왕 별장정원, 윤동주 시비/同志社대학, -아라시야마(Hogonin, 오코지大河内 산장)

6. 29. - 7. 10. **싱가포르, 인도네시아**

싱가포르(Interlace/신주거 단지, 열대도시우림, Via Helix Bridge/보행교, 바탐(바탐 View, 랜드마크 교량)

8. 16. - 23. **크로아티아, 슬로베니아, 보스니아, 세르비아**

Zagrebs -스플릿 -두브로브니크/성벽 걷기 -블레드

폴리트비체 국립공원 -류블랴나 -포스토이나 -모스타르

사라예보 -Neum -Beograd/kalemegdan 요새

11. 18. - 26. **일본**

도쿄 -교토 -아라시야마

12. 20. - 2017. 1. 14. **인도네시아**

발리 -족자카르타(Mallioboro, 술탄 왕궁, Tarman Sari/물의 정원, Borobudur/8C 불탑) -Dieng 고원지대(고냉지 농업, Wonosobo) -Lmbok(Gili Trawangan/자동차가 없는 섬 휴양지)

2017. 5. 15. - 21. **일본(야쿠시마, 삼나무 원산지)**

Yakusgi Land(수령 천년이 넘은 삼나무 군락지)

시토크 가주마루(반얀트리) 공원 -조몬스기(추정 수령 7,200년), -후쿠오카(오호리공원/일본정원, 스텝 가든, 도시공원)

6. 28. - 7. 28. **독일, 덴마크, 노르웨이, 스웨덴**

프랑크푸르트(강변 둔치, 뢰머 광장, 팔멘 가든, 도심 보행환경), 뒤셀도르프(Nord park, 도심 묘지공원, 라인강 둔치공원, 도시재생 사례), Hannover(박람회장, 21세기 정원모델, 헤렌 하우젠 궁전과 정원, Masch Park/도심에서 도보권 호수 한바퀴 6km 숲길 걷기), Berlin(Tier Garten/270ha, 홀로코스트, 소니센터, Dahlem 식물원), 포츠담(Sans Souci 궁전/500ha, Volks Park, Neuer Garten), Hamburg(알스트 보행자거리, 2개의 호수/Binnenalster, Aubenalster), Lubeck(호수가 있고 운하로 둘러싸인 최고의 환경, 세계유산), Copenhagen(Tivol Garden, Nyhavn 항구, 게피온 분수, Lousiana Museum, 시청광장과

요르단 와디럼 2016. 1

크로아티아 두브로브닉. 2016. 8.

족자카르타(불교유적 보로부드로). 2016. 12.

노르웨이 송네 피오르드. 2017. 7.

노르웨이 오슬로. 2017. 7.

보행자 거리, 프레데릭스 보르성), 오덴세(전원도시, 안데르센의 고향) -베르겐(Bryggen 항구), Sognefiord(2시간 20분 크루즈) -Plam(수려한 호반 휴양지, 인구 500명), Oslo(민속촌, Frogner Park, 비겔란 조각공원, 왕궁, 도시재생 사례), Stockholm(왕립공원, Carl Milles 조각정원, 식물원, 스톡홀름대학), 웁살라(식물학자 린네기념관, 웁살라대학식물원, 도심하천과 보행환경)

2018. 1. 24. - 2. 7. **아랍에미리트**

Abu Dhabi(루부르박물관 아부다비 분관, 야스 Mall, Emirates Palace), Al Ain(Jahli Park, Oasis, 파타이/사막, Zoo/UAE 최대)
Fujairah(동굴 모스크, Al Hamra Village/골프장 등 대규모 복합리조트), Ras Al Khaimah(Al Mabian Island)
Sharjah(Al Safeah Park, Maritime Museum)
Dubai(Miracle Garden, Dubai Marina, Dubai Frame/전망대)

2. 19. - 27. **태국**

방콕(룸비니 공원, Benjakiti Park/직사각형 호수공원 걷기 트랙)
파타야(Sky 갤러리, 농눅 빌리지, 열대우림 정원 카페)

5. 12. - 20. **일본**

야쿠시마(시라타니운스 협곡, 스기 랜드 뮤지움, 조몬스기/수령 7,200년 노거수, 숲 지킴이 야마오 센세이 선생 생가) -후쿠오카(중앙공원)

6. 30. - 7. 25. **스페인**

Gerona/중세 성곽도시(로마 성벽 걷기/도시 조망)
Granada(산 니콜라스 언덕/전망대, 알함브라 궁전)
Barcelona(Rambles 거리, 구엘 공원, 몬주익 언덕/식물원과 정원)
Zaragoza(Jose Antonio Labordeta 공원, 2008년 만국박람회장)
Bilbao(Guggenheim 미술관, 도시재생 사례, 도시공원과 광장 거리), -Malaga(Al cazebe, 식물원, 바오밥 가로수, El Pimpi/피카소 단골 카페), -Toledo -Madrid(왕립식물원, Parque Juan Carlos 1 Park, Sol 광장)

8. 18. - 27. **러시아, Latvia, Lithuania, 에스토니아**

상트 페테르부르크(여름궁전, 운하 유람) -Riga(십자가 동산)
Kaunas(대학도시, 강변 광장과 공원) -트라카이(갈배 호수 유람)
Rundale 성/라트비아의 베르사유 -Cesis/라트비아 최고의 풍광
Vilnius/리투아니아 수도(바로크풍의 중세 도시, 구도심 보행자 거리), -탈린/발트해의 진주, 유럽의 문화 수도(구시가지, 톰페아 언덕)

캐나다 오타와, 농업박물관

일본 야쿠시마, 삼나무 원생림. 2018. 5.

라트비아 리가, 십자가 언덕. 2018. 8.

일본 도와다, 현대미술관

2019. 5. 15. - 6. 5. **일본**

아오모리(너도밤나무 신록의 숲길, 1988 박람회장/해변공원) 도와다(타워 아트센터, 현대미술관, 아트 광장), 교토 -아라시야마(Rakushisha, Nisonin, Gioji 코지), 나라(Isuien 정원, 정원문화관, 요시기엔 정원, 관광식물농원), 오사카(우츠보 공원, 나가노시마) -가나자와(겐로쿠엔, 21세기 미술관)

7. 10. - 26. **캐나다 동부**

퀘벡(도시 숲, 묘지공원, 전원주택, 축제 현장) 몬트리올(올림픽 공원, St. Laurent Pare/아트거리, 구항구 도시재생), -오타와(Rideau 운하, 문명박물관, 농업박물관/관상원, Rideau Hall), -토론토(토론토 섬/공원, 묘지공원, 초고층 도심의 공원과 녹지)

8. 22. - 9. 6. **싱가포르, 인도네시아**

9. 24. - 10. 2. **이탈리아, 프랑스, 스위스**

로마(바티칸 시국/박물관, 콜로세움, 포로로마노/고대 유적) 파리(루브르 박물관, 샹젤리제 거리, 세느강 유람), -인터라켄(뮈렌산 트레킹) -밀라노 -베로나(구도심 거리, 쥴리엣의 집), 베니스(산마르코 광장) -피렌체(미켈란젤로 광장, 구시가지)

12. 3. - 22. **바레인,쿠웨이트, 카타르, UAE**

바레인(National Museum, Avenues Mall/수변 산책로) Kuwait(Marina Mall/산책, Al Shaheed Park/대규모 도시공원) Doha(Museum of Isamic, 국립미술관, 인공섬/주거단지) Muscat(Grand Mosque, 국립오페라하우스 정원, 중앙대로 녹지와 공원), -Salalah/유향의 도시(유향 박물관, 열대 농장/파파야 바나나 망고), -Dubai(Miracle Garden, Global Village, 마리나 타운/스카이 라인)

캐나다 오타와. 2019. 7.

오만 살랄라. 2019. 12.

오만 살랄라, 그늘쉼터

UAE 푸 자이라

UAE 알 아인, 오아시스

5. 위원회 참여와 사회활동

전공 영역과 연관된 사회활동과 위원회 등 활동에 관한 사항은 위촉장을 근거로 정리하였다.

1992. 03. - 1995. 02. 월간 '환경과 조경' 제1-3기 객원기자
1992. - 2010. 국가기술검정시험 출제 및 채점위원(한국산업인력관리공단)
1993. 03. - 2021. 02. (사)한국조경사회 이사
1997. 02. 03. 진주시 신청사 건립 자문위원(진주시)
1997. 02. 04. 진주종합관광개발계획 자문위원(경남개발연구원)

1997. 03. - 2120. 03. (사)한국전통조경학회 상임이사
1997. 04. 18. 김해시 공원녹지 기본계획수립 자문위원
1997. 06. 30. 문화예술회관 건립공사 자문위원(창원시장)
1997. 09. 01. 경상남도 지방건설기술심의위원회
1997. 10. - 2021. 02. (사)푸른우포사람들 이사
1997. 12. 17. 경상남도 산림박물관 건립 자문위원회(경상남도)

2006 이탈리아 밀라노 성당(지붕)

2006 이탈리아 피렌체

1998. 02. 20. (사)국립공원협회 대의원
1998. 03. 26. 진주산업대학교 조경심의위원
1998. 05. 09. 한국 식물, 인간, 환경학회 이사
1998. 08. - 2001. 07. 영남건설기술교육원 초빙교수
1998. 11. 20. 가야촌 개발사업 기본계획 공모 심사위원(합천군)

1999. 03. 22. 푸른진주시민위원회 정책분과위원(진주시)
1999. 09. 01. 지방건설기술심의위원회(경상남도)
1999. 12. 17. 전통한방휴양관광지 입지선정위원, 자문위원(산청군)
2000. 01. 03. (사)한국환경계획, 조성협회 이사
2000. 02. 01. 새천년 기념조형물 현상공모 심사위원(통영시)

2000. 02. 26. (사)국립공원협회 대의원
2000. 02. - 2002. 02. 경상남도 도립공원위원회
2000. 05. - 2002. 05. 지리산자원연구소 생물자원보전부장(진주산업대학교)
2000. 06. - 2001. 12. 비영리 민간단체 공익사업선정위원회(경상남도)
2000. 10. - 2000. 12. 국립공원 구역조정 지역협의회(경상남도)

2006 파리 라데팡스

2001. 01. – 2021. 02. 진주환경운동연합 지도위원

2001. 01. 09. 남강 자연형 하천조성 특별위원회(푸른진주시민위원회)

2001. 04. 06. 제2기 푸른진주시민위원회 정책자문위원(진주시)

2001. 05. – 03. 04. 경상남도 문화재위원회 전문위원(경상남도)

2001. 09. 2017. 08. 경상남도 지방건설기술심의위원회(경상남도)

2001. 09. 13. 경상남도 문화재 설계심사위원회(경상남도)

2002. 02. 28. (사)자연공원협회 대의원 및 이사(자연공원협회)

2002. 04. 25. 진주시 도시계획위원회(진주시)

2002. 09. 25. 사천시 신청사 건립사업 자문위원(사천시)

2003. 03. – 2021. 03. (사)한국환경계획조성협회 이사

2003. 04. – 2005. 04. 경상남도 문화재전문위원

2003. 04. 24. 진해만 생태 숲 조성 기본 및 실시설계 자문위원(진해시)

2003. 05. 07. 제3기 푸른진주시민위원회 정책자문위원(진주시)

2003. 08. 08. 제2회 대한민국 조경대상 정책평가위원(한국조경학회)

2003. 11. 04. 6호 광장 조형물 및 경관조명 현상공모 심사위원(마산시)

2003. 12. 18. 거창읍사무소 현상설계 공모 심사위원(거창군)

2008 시드니

2010 영국 스코틀랜드, 에든버러

2004. 02, 26. 전통한방 휴양관광지 민간시설물 설치 자문위원(산청군)
2004. 03. - 2006. 03. 한국전통조경학회 기술담당 집행이사
2004. 03. - 2006. 02. 경상남도 공익사업 선정위원
2004. 04. 28. 지리산 국립공원관리협의회(국립공원관리공단)
2004. 05. - 2006. 05. 진주시 도시계획위원회

2004. 06. - 2006. 06. 경남 생명의 숲 국민운동 운영위원회
2004. 07. 06. 지리산 자생식물 환경공원설계 현상공모 심사위원(남원시)
2004. 06. 21. 신행정수도 건설후보지 평가위원(위원장 이헌재, 김안제)
2004. 08. 사업종료. 농촌마을 종합개발사업 무고권역 개발협의회(사천시)
2004. 10. - 2006. 10. 진해시 설계자문위원

2004. 10. - 2006. 10. 김해시 설계자문위원
2004. 11. 24. '살기 좋은 아파트 상' 평가위원(진주시)
2004. 11. 24. 제4회 푸른경남상 심사위원(경상남도)
2005. 02. 17. 경상남도수목원 확장사업 자문위원

2005. 06. - 2007. 06. 경상남도 도시계획위원회
2005. 06. - 07. 06. 경상남도 공동위원회(경상남도)
2005. 08. 05. 소도읍 육성사업 심사위원(경상남도)
2005. 09. - 2007. 08. 경상남도 지방건설심의위원회
2005. 09. 01. 고성군 공원화 시책 기술 자문위원
2005. 11. 16. 경상남도 자전거도로사업 평가위원

2005. 12. - 2007. 12. 김해시 설계자문위원회
2006. 01. - 2008. 01. 자연경관심의위원(환경부 낙동강유역관리청)
2006. 02. 01. (사)한국자연공원협회 제11대 대의원
2006. 02. 09. 충청남도 도청이전지 평가위원회
2006. 03. - 2008. 02. 경상남도 도립공원위원회

2006. 06. 29. 국립공원관리협의회 위원(국립공원관리공단)
2006. 07. - 2007. 08. 1인 1촌 전문가 자문위원(한국농촌공사)
2006. 11. 24. 범시민 제자리 찾기 운동 추진위원(진주시)
2007. 06. - 2009. 06. 도시+ 건축 공동위원회(경상남도)
2007. 06. - 2009. 06. 경상남도 도시계획위원회

2014 벨기에 브리쥬

2007. 06. - 2009. 06. 진주시 설계자문위원회
2007. 08. - 2008. 07. 경상남도 건축위원회
2007. 09. - 2009. 08. 경상남도 지방건설기술심의위원회
2007. 10. 05. 개교 100주년 기념사업 편찬분과위원(진주산업대학교)
2007. 11. 08. 도청 연못보수 및 웰빙정원 기본계획 심사위원(경상남도)

2007. 12. 03. 진해시 설계자문위원
2007. 12. - 2020. 12. 진주시 정책자문 교수
2007. 12. - 2009. 12. 김해시 설계자문위원회
2008. 03. 26. 진주산업대학교 조경심의위원회
2008. 03. - 2010. 03. 창원시 경관위원회

2008. 04. - 2010. 04. 경상남도 산지관리위원회
2008. 05. - 2010. 04. 경상남도 수목원 자문위원
2008. 06. - 2009. 12. 국립공원관리협의회(국립공원관리공단)
2008. 07. 녹지네트워크 구축 용역 자문위원(산청군)
2008. 08. - 2010. 07. 경상남도 건축위원회
2008. 09. 26. 아파트 미술 장식품 공모 심사위원(대한주택공사)

2014 하와이 호놀룰루, 와이키키

2008. 10. - 2010. 10. 미술 장식품 심의위원(진주시)
2008. 11. 11. 제8회 푸른경남상 심사위원
2008. 12. - 2010. 11. 지방산업단지계획 심의위원회(경상남도)
2009. 02. - 2011. 02. 김해시 가로수위원회

2009. 03. 10. 여성 종합웰빙 문화센터 건축설계경기 공모 심사위원(진주시)
2009. 04. 가야산국립공원 구역조정협의회(국립공원관리공단)
2009. 04. - 2011. 04. 문화재위원회 사적분과 전문위원(문화재청)
2009. 05. - 2011. 04. 문화재위원회 자연분과위원(경상남도)
2009. 06. - 2011. 06. 경상남도 도시계획위원회

2009. 06. - 2011. 06. 경상남도 공동위원회
2009. 07. 17. 자굴산, 한우산 생태숲 조성사업 기본계획 및 실시설계, 종합산림 개발계획수립 자문위원(의령군)
2009. 08. - 2011. 08. 진주시 설계자문위원회
2009. 09. - 2010. 07. 경관 및 건축 공동위원회(경상남도)
2009. 09. - 2011. 08. 경상남도 지방건설기술심의위원회

2016 바레인

2009. 10. - 2010. 10. 부경경마공원 공공디자인 자문위원(한국마사회)
2009. 11. - 2011. 11. 녹색성장 정책자문위원(경상남도)
2009. 11. 05. '최윤덕 장상 동상 건립' 공모작품 심사위원(창원시)
2009. 12. - 2011. 12. 김해시 설계자문위원회
2009. 12. - 2010. 11. 지방물류단지계획 심의위원회(경상남도)

2010. 01. 08. 대한민국 조경대상 영남지역 평가위원(한국조경학회)
2010. 04. - 2011. 08. 지방건설기술심의위원회 설계심의위원회(경상남도)
2010. 04. - 2012. 04. 경상남도 산지관리위원회
2010. 05. 14. 낙동강 살리기 정책자문위원회(경상남도)
2010. 06. - 2010. 11. 대청천 생태하천 설계용역 자문위원(김해시)

2010. 11. 12. 진주산업대학교 산학협력단장
2010. 12. 02. 제10회 푸른경남상 심사위원(경상남도)
2011. 04. - 2013. 04. 경상남도 문화재위원
2011. 04. - 2013. 04. 문화재청 문화재위원회 천연기념물분과 전문위원
2011. 05. - 2021. 05. 농협 운영평가 자문위원회

2011. 06. - 2013. 06. 문화재청 설계심사위원회
2011. 06. 09. 지식재산진흥위원회(진주시)
2011. 09. - 2013. 08. 지방건설기술심의위원회(경상남도)
2011. 12. 08. 가야천 고향의 강 정비사업 협의체 위원(합천군)
2012. 02. 03. (사)한국조경수협회 자문위원

2012. 02. - 2014. 02. 진주시 설계자문위원
2012. 03. 14. 화천 고향의 강 조성사업 협의체 위원(남해군)
2012. 04. 26. 연초천 하천재정비 및 고향의 강 조성 설계자문위원(거제시)
2012. 05. - 2013. 04. 대통령직속 국가건축정책위원회 자문위원(조경)
2012. 04. - 2014. 03. 김해시 설계자문위원회

2012. 08. 07. 합천군 관광개발 자문위원회
2013. 02. - 2015. 02. 김해시 가로수위원회
2013. 01. - 2015. 02. 도시 숲과 학교 숲 조성 설계심의위원(경상남도)
2013. 04. - 2021. 03. (사)푸른우포사람들 이사
2013. 04. - 2015. 04. 경상남도 문화재위원회 자연분과 위원

2017 베를린

2013. 05. - 2015. 04. 경상남도 한옥자문위원
2013. 05. - 2015. 04. 문화재위원회 천연기념물분과 전문위원(문화재청)
2013. 10. - 2016. 10. 생태하천 복원사업 자문위원(경상남도)
2013. 11. 21. '푸른 경남상' 심사위원(경상남도)
2014. 01. 16. 군계획위원회 및 공동위원회(하동군)

2014. 10. 21. 창원 현동 지구 미술작품 공모 심사위원
2014. 11. 25. 제14회 '푸른경남상' 심사위원(경상남도)
2015. 01. 23. 환경운동연합 지도위원
2015. 02. - 2017. 01. 도시 숲과 명상 숲 조성 설계 심의위원회(경상남도)
2015. 04. - 2017. 04. 경상남도 문화재위원회 전문위원

2015. 05. - 2017. 04. 문화재청 문화재위원회 천연기념물분과 전문위원
2015. 06. - 2017. 06. 경상남도 도시계획위원회
2015. 07. 09. 경남 미래 50년 정책개발 교수자문위원회(경상남도)
2015. 07. 23. 하동군 건축위원회
2015. 07. 23. '제1회' 조경수관리사 출제 및 실기평가위원
(국공립대 평생교육협의회)
2015. 08. 11. 용역과제 사전심의위원회(진주시)

2018 바르셀로나

2019 UAE 두바이

교토 아라시야마, 호곤인

2015. 11. - 2017. 11. 지역개발조정위원회(경상남도)
2016. 03. 31. 진주시정 업무평가위원
2016. 05. - 2018. 05. 진주시 경관위원회
2016. 06. - 2018. 06. 산지관리위원회(경상남도)

2016. 10. - 2019. 10. 생태하천 복원사업 자문위원회(경상남도)
2016. 10. - 2018. 10. 푸른진주시민위원회(진주시)
2017. 04. - 2019. 04. 경상남도 문화재위원회 자연분과위원
2017. 05. - 2019. 05. 진주시 건축위원회
2017. 06. - 2019. 06. 경상남도 도시계획위원회

2017. 12. - 2019. 11. 도시림 등 조성 관리 심의위원회(하동군)
2018. 02. - 2020. 02. 도시림 등의 조성관리심의위원회(창원시)
2018. 03. - 2019. 02. 한국토지주택공사 기술심사평가위원
2018. 05. 11. 제18회 진주시민상 추천위원회(진주시)
2018. 05. - 2020. 05. 진주시 경관위원회
2018. 06. - 2020. 06. 경상남도 산지관리위원회

2018. 06. - 2020. 06. 도시림 등의 조성 및 관리심의위원회(김해시)
2018. 12. - 2020. 12. 합천군 관광개발 자문위원회
2019. 01. 28. 천주교 마산교구청 이전건립사업 설계공모 심사위원
2019. 03. - 2020. 02. 한국토지주택공사 기술심사평가위원

2019. 04. - 2021. 04. 경상남도 문화재위원회 자연분과위원
2019. 05. 02. 네팔 진주학교 운영이사
2020. 01. - 2021. 01. 도시림 등 조성, 관리 심의위원회(하동군)
2020. 03. - 2021. 02. 한국토지주택공사 기술심사평가위원
2020. 03. - 2023. 03. 사천시 건축위원회

2020. 04. - 2022. 04. 사방협회 전문위원
2020. 05. - 2022. 05. 진주시 경관위원회
2020. 06. - 2022. 06. 경상남도 산지관리위원회
2020. 06. - 2022. 06. 도시림 등의 조성, 관리심의위원회(김해시)
2020. 07. 09. 진주대첩 광장 조성사업 자문위원회(진주시)
2020. 11. - 2022. 10. 황매산 수목원 자문위원회(합천군)
2020. 12. - 2022. 11. 지방산업단지계획 심의위원회(경상남도)
2020. 12. - 2022. 11. 경상남도 물류단지계획 심의위원회
2021. 01. - 2022. 12. 도정자문위원회(경상남도)

인도네시아 발리

6. 나눔의 보람과 즐거움

1) 수목

희귀종이나 의미 있는 종자와 영양체(꺾꽂이용 가지)를 비롯하여 묘목과 20-30년생 기념식수용에 이르기까지 구입하여 직접 가꾼(조경학과 온실과 용치산방) 나무를 개인과 자치단체, 수목원이나 연구기관에 기증하여 성장하는 모습을 지켜보는 것은 무엇과도 비교될 수 없는 나만의 보람이자 즐거움이다.

- 백송(30-40년생) : 경남과학기술대학교, 진주시, 거창군, 고성군, 하동군, 다솔사, 쌍계사 칠불암 등 50여 그루
- 울레미아 소나무(Wollemia nobilis) : 국립생태원, 산림과학원 남부산림연구소, 서울식물원, 창원식물원, 국립세종수목원, 합천 황매산 수목원 등
- 납매(중국, 독일, 일본산 품종) : 종자와 묘목 200여 그루
- 메타세쿼이아(10년생) : 100여 그루- 진주시 월아산 우드랜드
- 그 외 : 북경 정향나무, 완도 호랑가시, 결과 습성이 탁월한 합천 황매산 선발 보리수나무, 인도 보리수나무, 그리스 Sedum, 내한성이 강한 네덜란드산 Hedera 품종, 산청 남명매와 원정매, 특수형 눈향나무 등이다.

마라토너 황영조 감독(Pin Oak 분양). 2013. 5.

기증수목 표석

2) 도서

- 경남과학기술대학교 조경학과 자료실 : 관련 전문서 800여 권
- 환경과 조경 편집실 : 월간 '환경과 조경' 창간호-150호
- 합천 황매산 수목원 : 식물학 관련 250여 권
- 천리포수목원 : 식물학 관련 20여 권
- 그 외 한국현대조경작품집, 세계의 도시환경과 문화 & 조경, 교토의 정원, 세계의 명품정원 등 저서 800여 권을 국내외 개인이나 기관에 기증

3) 목 공예품 (30년 가까이 해외도시를 답사하며 취미로 수집)

- 경상남도 산림박물관 : 90여 점
- 진주시 산림체험문화관 : 60여 점

4) 그 외, 수집 소장품

- 디지탈 카메라 보급 이전(1974-2002)에 촬영한 슬라이드 필름 약 35,000컷
- 국내외에서 수집한 공예품과 서화書畫 : 200여 점
- 편지 칼 letter opener : 150여 점
- 다완 등 Tea茶와 연관한 악세사리 : 150여 점

기관이나 학교에 저서 기증

목공예 기증품 전시(경상남도 산림박물관)

창원식물원. 2020. 9.

국제신문

경남과기대 강호철 교수,
세계적 희귀식물 울레미아 소나무 국립생태원과 서울식물원에 기증

2020년 3월 24일

김인수 기자

경남 진주 경남과학기술대학교는 강호철(조경학과) 교수가 세계적인 희귀식물인 울레미아 소나무를 국립생태원과 서울식물원에 각각 한 그루씩 기증했다고 24일 밝혔다.

강 교수는 지난 2007년 호주 시민권자로부터 울레미아 소나무(일명 공룡 소나무)를 2주(키 30cm) 기증받아 조경학과 온실에서 적응시키며 특별 관리해 왔다. 10여 년간 키운 울레미아 소나무(15년생) 키는 1.8m에 달한다.

강 교수는 "어느 정도 성장하면 캠퍼스 내 100년이 된 숲인 '쥬라기공원'에 옮겨심을 계획이었지만, 진주지역에서 월동이 곤란함을 확인하고 본래 구상을 수정했다"며 "대규모 온실 시설을 갖춘 공공기관에 기증해 많은 시민이 즐겨볼 수 있도록 했다"고 기증 취지를 밝혔다.

또 강 교수는 진주시와 경남과기대에 40년생 백송을 기증했다. 백송은 중국이 원산으로 수령이 오래되면 줄기가 흰색으로 변하는 것이 특징이다. 이들 수목은 비봉산 녹화 사업과 모교 110주년 기념 식수로 활용할 예정이다.

강 교수 주말 쉼터인 용치산방에서 애지중지 아끼며 길러온 희귀종 별목련(천리포식물원에서 확보) 두 그루와 영하권 추운 날씨 1월에 개화하는 15년생 납매와(중국에서 반입, 종자에서 발아) 주목 8그루도 진주시에 기증했다.

이 외에도 강 교수는 그동안 세계 도시를 답사하며 수집한 목공예품 90여 점과 도시녹화용 인기 조경수 메타세쿼이아 100여 그루를 경남도와 진주시에 기증하기도 했다.

그는 합천 황매산 수목원에 그의 저서 '세계의 도시환경과 문화 조경, 교토의 정원, 최신식물학'을 비롯해 '대한식물도감, 한국식물검색도감, 식물관찰도감, 중국대나무도감 등 국내외 식물 관련 전문 서적 70 여권을 기증했다.

합천군은 황매산 수목원 방문자센터에 비치해 일반인도 열람 가능하도록 할 계획이다.

서울식물원에 분양된 울레미소나무

2010년 진주시에 분양한 백송

이호신 화백 뜰에 원정매 후계목 식수

진주시 가좌동 제2캠퍼스

국립생태원장과 함께 울레미아 앞에서

7. 학생들과 함께

야외수업, 진주성 국립박물관. 2015. 4.

추억 만들기 식재 체험(칠암캠퍼스). 2019. 4.

10년간 지속한 남강 가꾸기 캠페인(식목일 행사). 2004. 3. 30.

야간 학우들의 수목학 시험(수종 식별). 2002. 6.

야간 학우가 기증한 녹나무 식재. 2007. 5.

먼나무 식재(편입 야간반). 2007. 5.

수목학 A반 기념식수. 2012. 4. 9.

수목학 B반 기념식수. 2012. 4. 12.

상록 담쟁이 Hedera 번식. 2012. 4.

하계 학위수여식(도란연못). 2013. 8. 22.

류남형 교수와 함께 실습장을 가꾸다. 2008. 3.

생태학습장 조성용 야생목 채취. 2008. 3.

융합의 숲 표지석 설치. 2019. 4.

용치산방을 찾은 류남형 교수님과 칠엽수 회원. 2005. 4.

종합농장에 조경학과 생태학습장 조성. 2005. 5.

개비자나무 후계목. 2017. 6.

멀구슬 동산 관리(동아리 칠엽수). 2017. 7.

조경수목학 야외수업(가좌동 맹종죽 숲길). 2015. 5.

캠퍼스내 최고령 개비자 후계목 식재. 2017. 6.

식목일(남강 둔치). 2008. 3.

울레미소나무 분갈이(구걸 가든). 2012. 5.

저토심 손톱정원 조성. 2013. 4.

남강 둔치에서 식목일 행사(버들류 삽목식재). 2010. 3. 17.

조경수 생산농장(야간 토요수업). 2005. 5.

수목학(야간반) 토요일 수업. 2011. 12.

싱가포르 답사. 2006. 1.

식목일 행사. 2017. 3. 23.

개천예술제 창시자 파성 설창수 동문 흉상

축하합니다. 2017.

조별 기념식수. 2017.

구걸가든(동아리 칠엽수 회원들)

녹색교통 사진전시회

신나는 야외수업(맹종죽 숲길)

구걸정원 관리(칠엽수 회원)

멀구슬 동산 차나무 파종(칠엽수 회원). 2020. 10.

8. 영상 에세이

경남과기대 총동창회 김광호 회장 내외. 2019. 3.

천리포수목원 설립자, 민병갈 선생님 흉상 앞에서

정해주 총장께서 재임당시 기념식수한 백송(캠퍼스 칠암동천). 2014. 9.

노무현 전 대통령 내외분과 기념식수. 2008. 3.

용치산방을 방문하신 오휘영 교수님. 2010. 5.

정재훈 전, 문화재관리국장/ 기념식수 용치산방. 2007. 4.

모교에 기증한 백송의 영광. 2012. 3.

신들의 섬, 발리

원예학과 강호종 교수(큰형). 2012. 4

울레미소나무를 기증받다(쥬라기 공원). 2007. 6.

문 후보께 나무 선물. 2016. 5.

산림과학원에 울레미소나무 기증. 2008. 3.

나무를 좋아하신 김조원 총장(완도호랑가시 분양). 2012. 4.

백년광장에 반입되는 350년생 국내최고 개비자나무. 2012. 4.

하루 10시간, 3-4만보 답사를 위한 충전

북경식물원장과 기념식수(경상남도 수목원). 2008. 5.

진주 비봉산 식목일 행사(LH 사람들). 2016. 4.

제주 '생각하는 정원' 성범영 원장(납매 분양). 2017.

이호신 화백의 뜰에 매화를 심고 예를 올리다. 2017. 2.

울릉천국에서 가수 이장희 선생과 함께(비자+개비자 분양). 2020. 8.

중용연구원 용치산방 방문. 2010. 5

칠암조경회와 멀구슬조경회 청양 고운식물원에서 회동. 2009. 5.

경상대 남명기념관 뜰에 식재된 '남명매 후계목'. 2020.

국립생태원에 분양한 울레미소나무. 2017.

통영으로 이주하는 올리브나무. 2020. 8.

(사)푸른우포사람들 강병국 대표와 함께 기념식수. 2006. 4.

칠암조경회 정준옥 고문(개비자 후계목 분양). 2017.

제주 '생각하는 정원' 성범영 회장. 2016. 9.

전시용 패널(런던의 도시공원)

전시용 패널(런던의 공원 카페)

에베레스트 트레킹. 2010. 1.

오휘영 교수님 용치산방 방문(그림 증정). 2010. 5.

고운식물원 답사(이정환 박사, 이주호 원장). 2016. 3.

기념식수(김조원 총장). 2012. 4.

개교 102주년 기념 사진전시회. 2012. 5.

조경학과 전시장을 찾은 최구식 국회의원. 2011. 10.

나의 답사를 후원하는 가족과 함께(프랑스, 니스). 2006. 7.

전시회(대학본부). 2011. 12.

마라토너 황영조 감독 기념식수(용치산방). 2004. 11.

북경식물원장과 함께. 2008. 8.

도시의 강과 문화 & 워터프론트. 2009. 11.

교내 현수막. 2009. 11.

2002년 완공된 나의 쉼터(용치산방)

산방은 조형 눈향나무로 가득하다.

숲에 묻힌 주말쉼터 용치산방. 2018. 10.

산방에서 부인과 함께. 2010. 5.

경상대 남명기념관 뜰에 '남명매 후계목' 기념식수. 2018. 4.

매일 출퇴근하며 뵙게 되는 파성 설창수 선생

합천군 황매산 선발 보리수나무. 2020. 10.

일본의 '타샤 튜더' 시쿠치 할머니. 2017. 8.

나무 심기는 최고의 즐거움이다(종합농장, 멀구슬 동산)

다실 앞 작은 뜰(용치산방). 2019. 9.

계수나무가 지켜주는 산방의 가을. 2020. 10.

오휘영 교수님 진주방문(칠엽수 박상용 회장/ 황매산 수목원근무). 2020. 11.

진주 시민의 숲 기념비. 2011. 9.

유엔 사막화 대회 기념. 2011. 10.

'세계도시의 녹색 환경과 문화' 사진전. 2011. 10.

전시장을 방문한 하영호 산림청 차장. 2011. 10.

조경설계와 시공 · 관리 / 강호철 저

-한국종합무역센터 편-

| 목차 |

대규모 복합기능을 수용하고 있는 '한국종합무역센터'의 계획 구상에서 조경 계획 설계 시공 관리에 이르기까지 일련의 과정을 7년여 기간에 걸쳐 꾸준히 수집한 자료와 실무 체험을 통한 실증적 자료라는 점에서 우리 조경 분야에 시사하는 바가 실로 크다. 특히 건설 과정이나 조성 이후의 유지관리 부분에 관한 자료나 연구사례가 부족한 여건에서 이 책은 조경학도는 물론, 시설 관리직에 근무하는 많은 이에게 값진 참고서가 될 것이다.

오휘영/ 세계조경가협회 부회장, 한양대 환경과학대학원 교수

역사적 의미를 갖는 대규모 프로젝트의 수행과정을 기록으로 남기는 것은 후진들에게 올바른 판단과 방향의 길잡이 역할을 할 것이다. 우리는 선진국에 진입하는 문화 국민임을 자처하면서도 기록문화가 정착되지 않음은 매우 유감스럽고 안타까운 일이다. 이러한 현실을 직시한 필자의 끈기 있는 노력과 열정에 경의를 표한다. 이 기록서는 조경계의 큰 영광이자 결실이며, 조경기술 측면에서 훌륭한 지침서가 될 것으로 기대된다.

권오준/ (사)한국조경사회 회장

지난해 '92 IFLA 한국총회에 즈음한 현대한국조경작품집에 이어 이번에 출간되는 한국종합무역센터의 조경계획에서 시공 관리를 아우르는 내용으로 본회 부회장인 강호철 동문의 성실성과 땀으로 이룩한 결실이기에 더욱 뜻깊게 생각한다. 우리 칠암조경회는 앞으로도 변함없이 맑고 푸른 쾌적한 환경을 가꾸고 지키는데 더욱 매진할 것이며, 출판이나 학술행사 등 분야 발전을 위한 건설적이고 미래지향적 활동에 정진할 것입니다.

김봉중/ 칠암조경회 회장

세계의 도시환경과 문화 · 조경 / 강호철 저

| 목차 |

짧은 역사에 환경과 문화적 배려 없이 건설과 팽창 일변도로 치달아 온 우리의 국토와 도시환경에 대한 평가가 대체로 부정적이었다.
이에 선진도시들의 사례와 기법을 통하여 새로운 아이디어를 얻고, 우리 도시가 나아가야 할 방향을 제시하는 내용의 참신한 기획물에 찬사를 보낸다. 마침 행복도시를 비롯한 혁신도시와 기업도시 등 새롭게 기획되거나 건설되는 도시들에 많은 도움이 될 것으로 확신한다.

민범식/ 국토연구원 연구위원, 행정중심복합도시계획 연구책임

조경이 만드는 도시는 환경적으로 건강하고 인간미 넘치는 삶의 터전이다. 도시는 시설물의 집합으로 형성되지만, 도시인들은 시설물 사이의 비어있는 공간에서 생활한다. 도시건설에서 시설물의 배치도 중요하나 시설물 사이의 공간을 어떻게 비워 놓는가는 더욱 중요하다. 따라서 도시환경을 구성함에 있어서 자연과 인공물의 조화를 통하여 건강하고 환경친화적인 도시를 만들고 사회적 교류를 활성화시켜 쾌적하고 인간적인 도시사회를 이룩하며, 도시의 정체성 확립을 통하여 개성 있고 아름다운 도시를 건설하는데 역점을 두어야 할 것이다.

임승빈/ 서울대학교 조경학과 교수, '조경이 만드는 도시' 저자

우리나라 도시는 갑작스런 성장 탓으로 도시환경이 아직 열악한 수준임은 부인할 수 없다. 시민들이 쾌적하고 살기 좋은 도시환경을 갈구하고 있으며 환경에 대한 기대 수준도 날로 높아지고 있다.
도시환경과 조경에 관한 외국의 우수사례를 사진으로 소개하는 본 책자는 시민들의 관심과 공감을 불러일으키고, 도시를 경영하는 행정당국이나 전문가에게도 새로운 아이디어를 얻게 되어, 보다 살기 좋고 풍요로운 도시환경을 가꾸는데 크게 기여할 것으로 기대된다.

양병이/ 서울대 환경대학원 교수

천년 세월로 빚은 **교토의 정원 / 강호철 저**

| 목차 |

정원은 만들어지는 것이지만, 처음 만들어진 정원은 끝이 아니라 시작입니다. 생명을 가진 식물들은 햇살과 빗물과 바람을 맞으며 커나가고 그곳에 닿는 우리들의 손길에 따라 변화합니다. 그렇게 사람과 자연이 공유하는 시간 속엔 문화와 예술이 담겨 깊이를 더해갑니다. 그래서 이젠 우리나라도 정원으로 우리를 말하고 싶어지는 때가 되었습니다. 이 책과 함께 거닐어 보는 가깝기도 하고, 멀기도 하며 비슷하기도 하고 다르기도 한, 아름다운 일본 정원 산책은 그 자체가 삶에 정원을 소요하며 가지는 마음의 여백을 선물하는 좋은 시간임과 동시에 진정한 K-Gaden을 꿈꾸고 있는 우리들에겐 참으로 소중한 자료입니다.

국립수목원장/ 이유미

강호철 교수는 현장에 답이 있다고 생각하는 사람이다. 그가 포커스를 맞춘 정원은 인간애적인 향기와 분명한 메시지를 전하는데 부족함이 없다. 아름다움은 적으로부터도 방어할 수 있는 힘을 지닌다. 그는 간결한 정원의 아름다움을 통해 삶에 활력을 불어넣고, 지친 영혼을 쉬게 하며, 미래에 대한 희망을 전하고자 한다. 정신적으로 정원에 접근하는 것은 물론, 학문적으로도 우리 정원이 나아가야 할 길을 제시한다. 나는 그가 방학 때마다 세계 곳곳을 답사하면서 정원을 산책하는 것을 보았다. 그의 열정적이고 고단한 노력으로 우리는 비로소 일본의 정원을 일목요연하게 볼 수 있게 되었다.

언론인, 과학도서 저술가/ 강병국

교토의 정원은 가장 일본적이다.
정원을 보면 일본인들의 삶을 구석구석 살필 수 있다. 불로장생을 희구하는 신선계神仙界와 만날 수 있고, 해탈의 경지를 갈구하는 불교적 삶을 만날 수 있다. 더 나아가 일본인들이 섬기는 커다란 바위나 오래된 나무와 같은 다양한 神들의 모습도 정원에 들여놓아 일본인들의 정신세계를 적나라하게 보여준다. 일본정원이 독특한 것은 정원을 구성하는 다양한 요소들이 다른 나라의 것과 각별하고, 그것들을 조합하는 방법이 특출하기 때문이다. 특히 교토의 정원은 일본만의 특성을 극명하게 보여주는 가장 일본다운 모습들이다.
오랜 세월 땀과 발품을 아끼지 않은 강호철 교수의 예리한 통찰력과 깊은 혜안으로 기록한 사진들을 보면 일본정원이 왜 독보적이고 세계적인가를 느낄 수 있을 것이다.

동국대학교 교수, (사)한국정원디자인학회 회장/ 홍광표

세계의 명품정원 / 강호철 저

| 목차 |

헤르만 헤세는 '정원에서의 생활은 인생에서 누리는 마지막 사치'라 했다. 강호철 교수는 정원에 관한 두 권의 책을 통하여 정원일의 가치와 즐거움을 전해준다. 정원은 물질 만능과 정신 결핍으로 만연된 지금 세대를 치유하는 하나의 백신이라 생각된다. 이 책은 조경가의 시각으로 도시환경과 경관, 생태, 원예, 임학, 건축을 아우르며 기록한 정원 문화의 결정판이다. 지친 심신을 다스리고 싶다면, 책을 펼쳐 정원 산책을 떠나라 권하고 싶다.

한국조경신문 발행인, 조경기술사/ 김부식

그의 큰 눈은 늘 굶주린 표범과 같다. 날카로운 심미안으로 필터링하여 요연하게 담아낸 '세계의 정원 박물관'으로 후학들에게 소중한 자료가 되고, 우리나라 정원문화 발전의 자양분 역할을 할 것이다.
기도하듯 오체투지로 세상을 누비는 고행을 통해 얻어온 자료들은 그의 땀으로 젖고 혼이 새겨져 있는 것 같다. 지칠 줄 모르는 그의 고행에서 기술과 예술을 넘어 도를 추구하는 종교적 예술혼이 읽혀진다.

경남과학기술대학교 대학원장, 문학박사/ 이석영

사피엔스의 DNA에는 정원이란 유전형질이 암호화 되어 있음에 틀림이 없다. 그렇지 않고서야 이 장대한 분량의 정원 서사시가 어떻게 기록될 수 있을 것인가! 세계 곳곳에서 다양하고 개성 있는 표현형으로 태동하여 번식되고 진화해 온 정원들. 그 모습에서 우리는 무엇을 읽고 해석해 낼 수 있을 것인가? 문화 조경가 강호철 교수의 역저 '세계의 명품 정원'은 그의 발품과 혜안으로 기록하여 엄선한 1400컷 이상의 지구촌 정원들이 망라되어 있다. 매머드 노출과 해석을 통해 마침내 독자들이 사유케 하고 추상케 하며 추론케 하는 걸작임에 여지가 없다.

한양대 명예교수, (사)한국조경학회 고문/ 조세환

후기

군 복무를 마치고 제대할 때 군대 생활의 힘들고 어려웠던 추억들을 글과 사진으로 담아 전우들이 전해주는 '추억록'이 생각난다.

사회에서도 그동안 선배 교수님이나 은사님의 퇴임 기념 논총이나 기념집을 여러 차례 준비 해 본 경험이 있다. 하지만, 쏟은 정성이나 노력, 비용을 견주어 볼 때 결과물의 활용이 미미하다는 것을 번번이 느꼈다.

'살기 좋은 녹색도시' 역시 비슷한 운명이 될지라도, 나에게는 공직생활을 마무리한다는 큰 의미가 스며있고, 기억하거나 간직하고 싶은 소중한 자료들이다.

혹시, 본인 자랑이나 과시로 잘못 오해받지 않을까? 하는 괜한 우려도 해 보았다. 비록 하찮은 내용이라 할지라도 사실에 근거한 기록들이라, 한 시대를 아우르는 특정 전문직의 사회 참여와 활동영역, 삶의 궤적과 고뇌, 시대상을 이해하는데 작은 도움이 될 수 있을 것이라는 생각으로 이어졌다.

나는 평생을 자연과 더불어 지낼 수 있었음이 큰 축복이었다는 생각에 변함이 없다. 그리고 고향의 모교에서 건강하게 정년을 맞게 된 것은 더 큰 행운이고 특혜를 누렸다고 여기며 깊이 감사드린다.

정년과 동시에 모교의 간판이 '경상국립대학교'로 바뀌게 되어 기대는 되지만, 서운하고 아쉬움은 말로 표현할 수 없음이 솔직한 심정이다. 110년 역사의 칠암벌 숲이 진주의 상징이고 허파로 온전하게 보존되길 간절하게 염원하며 모교의 발전을 기원한다.

코로나로 세상이 온통 어수선하고 사회적으로나 경제적으로 힘들고 어려운 시절이지만, 이 책이 나오기까지 정성을 다해 물심으로 도와주신 시공문화사 김기현 사장님과 편집 디자이너 심현일 대표께 감사드립니다.

2021. 2.

와룡산 기슭 용치산방龍齒山房에서…

강 호 철

· 연락처 : 경남 진주시 신안동 평거현대 2차 204-1302호 · 전화 : 055-743-3690

· E-mail : khchul1988@naver.com / khchul@gntech.ac.kr

발리 우붓

조경가 **강호철** 교수 [**정년 기념집**]

살기 좋은 녹색 도시

PHOTOGRAPH & WRITTEN BY 강호철

ISBN 978-89-5592-442-8

1쇄 2021년 2월 20일

지 은 이　강호철
발 행 인　김기현
발 행 처　시공문화사
등　　록　1993년 3월 12일
주　　소　서울시 서대문구 독립문 공원길 13 (현저동 200) 극동프라자 5층
전　　화　02) 3147-1212, 2323
전　　송　02) 3147-2626

http://www.spacetime.co.kr
spacetime@korea.com

편　집　디자인·현
인　쇄　예림인쇄
제　본　(주)다인바인텍
용　지　(주)대림지업사

ISBN 978-89-5592-442-8

정가 15,000원